机工IT

CMP BOOKS

Apress®

DataOps
实践手册

敏捷精益的数据运营

（Harvinder Atwal）

[美] 哈文德·阿特瓦尔 著

马欢 等 译

机械工业出版社

CHINA MACHINE PRESS

数据运营是指通过数据来分析和解决问题，利用各种数据科学技术挖掘数据价值，帮助企业优化业务管理和提升决策效率。随着我国数字化转型的深入，传统基于项目、人工处理的各类数据运营活动已经无法满足业务发展要求。集合了敏捷开发、精益制造以及 DevOps 理念的 DataOps 因此顺势而生，并且受到了业界的广泛关注。

本书总结了作者 25 年的行业经验和对 DataOps 的认知，从当前数据科学交付面临哪些挑战、什么是 DataOps、通过哪些手段可以建立对数据的信任，以及如何实现 DataOps 目标和成功实施 DataOps 几个方面进行了系统的阐述。

本书适合参与数字化转型的各类角色人员学习，尤其有助于数据科学高级管理岗位的专业人士开拓视野、提升领导力。

此版本仅限在中国大陆地区（不包括香港、澳门特别行政区及台湾地区）销售。

First published in English under the title

Practical DataOps：Delivering Agile Data Science at Scale

by Harvinder Atwal

Copyright © Harvinder Atwal，2020

This edition has been translated and published under licence from APress Media，LLC，part of Springer Nature.

北京市版权局著作权合同登记　图字：01-2021-6697 号。

图书在版编目（CIP）数据

DataOps 实践手册：敏捷精益的数据运营／（美）哈文德·阿特瓦尔（Harvinder Atwal）著；马欢等译 .—北京：机械工业出版社，2022.10（2023.11 重印）

书名原文：Practical DataOps：Delivering Agile Data Science at Scale

ISBN 978-7-111-71606-8

Ⅰ．①D…　Ⅱ．①哈…②马…　Ⅲ．①数据处理-手册　Ⅳ．①TP274-62

中国版本图书馆 CIP 数据核字（2022）第 169618 号

机械工业出版社（北京市百万庄大街 22 号　邮政编码 100037）

策划编辑：张淑谦　责任编辑：张淑谦　赵小花

责任校对：秦洪喜　责任印制：郜　敏

北京富资园科技发展有限公司印刷

2023 年 11 月第 1 版第 3 次印刷

184mm×240mm·14. 25 印张·1 插页·268 千字

标准书号：ISBN 978-7-111--71606-8

定价：99. 00 元

电话服务　　　　　　　　网络服务

客服电话：010-88361066　机　工　官　网：www.cmpbook.com

　　　　　010-88379833　机　工　官　博：weibo.com/cmp1952

　　　　　010-68326294　金　　书　　网：www.golden-book.com

封底无防伪标均为盗版　机工教育服务网：www.cmpedu.com

本书翻译组

组　长

马　欢　《DAMA 数据管理知识体系指南》系列、《首席数据官管理手册：建立
　　　　　并运行组织的数据供应链》主译者

组　员
（按姓氏笔画排序）

马虎山　上海市海促会浦江学术委员会，高级研究员，数据管理专家
王　彪　北京天融信科技有限公司，数据安全治理专家
王晓萍　上海市海促会浦江学术委员会，高级研究员，数据管理专家
石秀峰　用友网络科技股份有限公司，数据管理专家
史　凯　精益数据方法论创始人，《精益数据方法论》作者
李　燕　东北证券股份有限公司，数据治理负责人
赵后钰　国际商业机器全球服务（大连）有限公司，咨询经理
胡　刚　上海逸迅信息科技有限公司，CTO，数据管理专家
郭　媛　上海市海外经济技术促进会，秘书长
唐　超　华为技术有限公司全球技术服务部，数据管理专家
常国珍　CDA 数据科学研究院，院长
彭　云　南方电网数字电网集团有限公司，高级工程师，数据管理专家

译者序 Translator's Preface

近年来，数字化转型已经上升到国家战略层面，各行各业都在规划和实施着数字化转型的工作。数字化最重要的特征，就是数据不再仅仅是对业务过程的信息化记录，而是可以从数据中挖掘出更多价值，更好地反哺业务的发展，甚至数据本身也可以成为产品和服务。2020年4月9日，中共中央、国务院印发的《关于构建更加完善的要素市场化配置体制机制的意见》中，已经把数据作为与土地、劳动力、资本、技术并列的重要生产要素。

发挥数据的价值离不开数据运营（Data Operation），数据运营通过数据来分析和解决问题，可以帮助企业优化业务管理、提升决策效率。数据运营的主要过程包括数据的采集、加工、分析和挖掘等各种活动。传统上，这些需求都以项目的方式实施，各个计算活动大部分以人工操作为主，数据在这些活动之间的流动是以批量方式处理的。这种运作方式在早期需求比较少、要求不是很高的情况下，尚能满足业务发展要求。

随着数字化转型的深入，面对数据呈指数级增长，人们对数据运营的要求越来越高，对于数据科学类的需求处理量，以及数据运营的时效有了更高的要求，传统基于项目、基于人工处理的各类数据运营活动已经无法满足业务发展的要求。大多数公司开始在数据科学方面增加投入，期望能有更高的回报，但是往往事与愿违。业界开始反思并借鉴 IT 软件开发及其他行业里的一些成功经验。DataOps 作为一个专有名词应运而生，它融合了敏捷开发、精益制造以及 DevOps（开发运维一体化）等多种理念，受到了国内外业界的广泛关注，并得到了快速发展。

本书作者哈文德·阿特瓦尔是一名经验丰富的数据专家，他不仅对算法十分感兴趣，还对从数据中获取价值所需的人员、流程和技术变革非常关注，对包括数据采集、数据管理、数据治理、云和内部数据平台管理、数据工程、商业智能、产品分析和数据科学的全生命周期管理工作十分熟悉。DataOps 作为一个新的术语，其代表的内涵在业界还没有得到统一的认识。本书总结了作者25年的行业经验和对 DataOps 的认知，希望通过本书的翻译引进，对中国读者理解和发展 DataOps 的理念提供一些帮助。

本书不是一本纯粹的技术书籍，作者写作的视角也相当开阔，涉及敏捷开发、精益制造、开发运维一体化等多层次的管理和知识领域，对从业者深入理解 DataOps 概念大有裨益。多位具有国际数据管理专业 CDMP 认证的同仁一起参与了翻译和校对工作，翻译组多次组织会议讨论斟酌。为了力求翻译准确，中国信通院 DataOps 数据研发运营一体化能力成熟度模型标准编写组的多位专家也参与了本书的校对工作，并提出了宝贵的意见，他们是骆阳、符山、付威、李乌英嘎、朱红伟、李成强、李林洋、巫雪辉、于鹏、沈浩、杜文健、王溧、项子林、王项男、谭晟中、付云攀、张亮、姜春宇、尹正等，在此对所有参与翻译和校对的同仁表示由衷的感谢。

本书存在大量跨领域的内容，由于译者能力和认识有限，尽管进行了多轮的校对检查，书中可能还是存在瑕疵和不足，此外，关于书名中的 DataOps、敏捷的术语 Epic 等词汇是否需要翻译，各位译校者也有不同意见。望各位读者可以通过读者群向我们反馈您的见解或给予指正，共同促进 DataOps 的理念得到更好的实践和发展，一起为我国数字化转型贡献绵薄之力！

马　欢

前言

关于作者

哈文德·阿特瓦尔（Harvinder Atwal）是一名数据专家，具备丰富的从业经验，擅于通过数据分析来增强客户体验和提高业务绩效。他不仅对算法十分感兴趣，还对从数据中获取价值所需的人员、流程和技术变革非常关注。他喜欢分享自己的想法，曾在伦敦的 O'Reilly Strata 数据会议、伦敦的开放数据科学会议（ODSC）和巴塞罗那的数据领袖峰会等活动中多次发表演讲。

哈文德·阿特瓦尔目前在 Moneysupermarket 集团管理数据职能部门，负责数据全生命周期管理工作，包括数据采集、数据管理、数据治理、云和内部数据平台管理、数据工程、商业智能、产品分析和数据科学。此前，他曾在 Dunnhumby、英国劳埃德银行集团和英国航空公司管理数据分析团队。他先后获得了伦敦大学学院的本科学位和伯明翰大学工程学院的运筹学硕士学位。

关于技术审核

大卫·佩珀（David Paper）博士是犹他州立大学管理信息系统系的教授。他撰写了《商业网络编程：基于 Oracle 数据库的 PHP 面向对象编程》一书，在《组织研究方法》《ACM 通信》《信息与管理》《信息资源管理杂志》《AIS 通信》《信息技术案例与应用研究》《长期规划》等权威期刊上发表了 70 多篇论文。

大卫·佩珀还曾以包括副主编在内的各种身份在多个编辑委员会任职。除了在家族企业工作之外，他还曾在德州仪器、DLS 公司和凤凰城小企业管理局工作，并曾为 IBM、AT&T、Octel、犹他州交通部和空间动力学实验室提供信息系统咨询工作。其教学和研究领域包括数据科学、流程再造、面向对象编程、电子客户关系管理、变更管理、电子商务和企业集成。

作者致谢

本书是基于我 25 年的数据分析学习和工作经验完成的。在这期间，很多事情都发生了变化，但我始终要感谢前辈的领导、激励和指导。我希望以同样的方式帮助其他人成长。

我很庆幸在优秀的数据分析领域组织中工作，特别是英国航空公司、英国劳埃德银行集团和 Moneysupermarket 集团。非常感谢皮尔斯·斯图伯斯（Piers Stobbs）给我这个机会让这本书问世。

如果没有在多个数据领导力社区中与同行进行讨论，就不会有创作本书的想法。我们面临的共同挑战和充满干货的对话是实践数据运营的灵感和基础。

多亏了那些不为炒作而真正愿意分享想法解决实际问题的人们，才使得世界变得更加美好。我非常感激 DataKitchen 公司的克里斯托弗·伯格（Christopher Bergh）、吉尔·本吉亚特（Gil Benghiat）、埃兰·斯特罗德（Eran Strod）和迈克·亨蒂安（Mike Huntyan），Tamr 公司的安迪·帕尔默（Andy Palmer），以及其他许多人，将 DataOps 作为公司数据价值转化过程中所面临的诸多问题的解决办法，并加以宣传。

如果没有出版社编辑们的大力支持，这本书不可能与大家见面。感谢乔纳森·根尼克（Jonathan Gennick）对这部作品的信任，以及吉尔·巴尔扎诺（Jill Balzano）在编辑方面的帮助。特别感谢大卫博上为本书做技术评审，他的意见让本书内容更加全面。最后，感谢家人在我创作过程中给予的耐心和理解。

引言

现在正是数据工作的绝佳时期。随着数据呈指数级增长，机器学习（ML）和人工智能（AI）算法不断完善，处理比十年前更多数据的软件数量爆炸式增长，用于存储和处理数据的大数据技术不断进步，为商业、科学和政府等领域带来了转型机遇。

数据科学旨在帮助我们更好地做出决策，从而采取有益的行动，而不只是从数据中提取知识这么简单。数据科学通过将科学的方法、算法和过程应用于各种形式的数据来实现。数据科学不是独立存在的，它是包括数据工程以及更广泛的数据分析领域在内的技术生态系统的一部分。

尽管任何技术变革都可能引起炒作的问题，数据科学也不例外，但许多行业和领域仍处于数据驱动的数字化转型初始阶段。未来十年，机器学习、深度学习和其他数据科学技术将改变我们生活的方方面面，这不仅包括个性化医疗、财务管理，还包括如何与机器交互，甚至是自动驾驶汽车或虚拟 AI 助理等。

现在处于数据驱动转型的初始阶段，我们也才刚刚开始了解从原始数据到交付预期结果所需的最佳流程。现代数据科学仍处于类似 19 世纪初制造业面临的定制手工生产和机械自动化之间的过渡阶段。

为什么要读这本书？

不幸的是，缺乏成熟度意味着存在很多失败的可能性。有大量证据表明，尽管大多数公司在数据科学方面投入了大量资金，但回报与资金投入并不匹配，很多公司仍然无法从数据投资中创造业务价值。从 Forrester 的调查结果来看，目前只有 22% 的公司从数据科学方面的支出中获得了显著的回报[1]。大多数数据科学实施要么是与客户毫无关系的实验室研究项目，要么是不面向产品开发的本地应用程序，或者是高成本的 IT 项目。

尽管失败率很高，但有关数据科学的方法和讨论却还是老样子。许多数据科学家都在谈论如何创建机器学习或人工智能模型，但很少有人谈论如何将它们投入一个为客户服务的实时可靠的生产操作环境中。从数据中创造业务和客户价值方面考虑，算法只是冰山一角。

大数据技术供应商喜欢推广最新的数据存储和处理解决方案，但很少有人讨论如何让非 IT 终端消费者可以轻松访问数据。解决方案供应商喜欢讨论使用最新的数据平台，但没有考虑如何克服有效使用数据时的流程障碍。在以往流程基础中增加新技术只会导致整个流程变得成本高昂。

自从 20 多年前开始从事这个行业以来，我一直提倡使用软技能、数据可视化和洞察力来帮助组织做出更好的决策，而没有对数据生产力造成太大影响。软技能对于数据科学家来说至关重要，他们需要处理极其复杂的问题，并且必须将其转化为简单的术语供他人使用。然而，即使是拥有最佳软技能的数据科学家，在依赖人类直觉进行决策的组织文化中，也很难推动决策和后续行动。

所以，仅仅专注于技术、算法和软技能是不够的。如果总是听到相同的解决方案，但结果一直很差，这说明与数据分析相关的普遍说法很可能是错误的。

大多数管理和使用数据的方法都是在数据稀缺、计算机资源昂贵、存储受限、测试和学习机会极少，以及数字自动化匮乏的环境下研究出来的。数据的主要目的是用于运营，因此具有严格的管理和访问控制要求，从而避免出现问题。只有最大型的组织（通常是政府、金融机构、运输公司和大型制造商）才会应用数据分析来解决其最重要的问题。例如，我最早的一个项目是帮助英国航空公司确定长途飞机的最佳购买组合方式，作为投入数十亿美元的机队更新计划的一部分。很大的不确定性使得决策变得困难，而且很多时间都花在了结果和潜在风险的范围建模上，通常这样的项目需要几年的时间才能下结论。

我们现在生活在一个数据约束更少的世界。因此，无论是照片编辑手机 App 还是自动编写电子邮件，数据驱动的决策可以（并且有望）在任何地方以更小的变化发展。现在，生成经验数据来学习和减少决策的不确定性也比以往任何时候都容易。

然而，大多数组织仍然将数据科学视为一系列大型定制瀑布式研究项目，在数据提供方面存在人为限制，而数据驱动的决策可以自动化、可扩展、可重复、可测试和更快速。数据科学投资的低回报仅仅是应用 20 世纪的方法来管理数据的结果，而现在应采用 21 世纪的方法来为 21 世纪的机遇提供更好的决策。

到 2016 年底之前，我对数据科学家们在帮助客户和利益相关者的能力方面没有任何改善仍感到失望。尽管我们也在为公司增加价值，帮助公司完成为客户省钱的使命，但仍然存在大量障碍和挫折。大量的时间被用来帮助业务提出问题或解释为什么这个问题不值得花费数据科学家宝贵的时间来回答。

数据科学家在不直接影响行动的情况下给出决策、支持洞察力。获取新数据和调查数据差异占用了大量资源。基于云的现代分析和数据湖的基础设施越来越难以维护和优化，这限制了我们从旧架构迁移的速度。旧架构和工具需要专业技能才能使用，这导致数据科学家成为业务利益相关者的瓶颈，或者成为制作临时数据分析的昂贵资源。总而言之，我们的效率没有达到应有的水平，需要采取完全不同的方法。

如果曾经遇到过类似的情况，这本书正好适合您阅读。本书旨在通过描述一种与当今环境更相关且足够灵活以适应未来变化的新方法，来挑战现有的提供数据科学与分析的方法。

DataOps 是什么？

随着数据科学与分析技术的成熟，许多其他行业从业者也面临着和数据科学与分析类似的挑战，他们需要尽可能高效地增加价值，同时还要处理高度复杂的问题。最适用的两种应用是制造业和软件开发，它们创造了革命性的方法，如精益制造、敏捷开发和 DevOps，可供数据科学与分析专业人士采用。

出于必要性考虑，2017 年，我决定测试一种不同的方法来帮助企业提供数据驱动的个性化，这已成为一项关键的营销策略，但企业希望快速看到结果以证明进一步投资的合理性。在一家互联网公司的工作经历使我熟悉了同事们在软件开发、产品工程和产品管理方面使用的许多概念和方法，这些概念和方法可以快速将想法转化为最小可行产品（MVP），然后随着时间的推移进行迭代优化。因此，我决定将这些方法应用于面向客户提供个性化体验所需的数据和机器学习模型生命周期。

第一步是与营销团队密切合作，就项目目标达成共识并优先考虑要测试的假设条件。接下来，我们确定了实现目标所需的数据产品，如机器学习特征数据集、机器学习模型和仪表板，以衡量实验结果。新研发的模型帮助我们收集了来自外部客户的重要反馈。

在这个阶段，整合数据、构建模型和部署模型仍然是一个"绳子和胶带"的过程，因此有必要增加数据工程团队的参与程度。他们利用自己的技能来提高数据可用性、监控数据质量、自动化和加速大部分数据管道、重构数据转换以提高效率和可重用性，并对机器学习输出结果和下游平台进行严格测试和集成。

接下来是一段持续改进的时期，因为实验的测量结果为我们提供了关于假设的具体反馈以及与其他团队合作整合的数据，这非常有利于后续测试。此外，对整个数据周期的分析确定了那些需要消除的瓶颈，以及需要与数据工程和技术团队解决的质量问题。

结果大大超出预期。在 3 个月内，开发新的机器学习模型和分析实验所需的时间大大缩减。更重要的是，在 6 个月内，对客户和收入 KPI 的影响非常有效。如果继续采用零碎的项目优先顺序和交付方法，可能需要花费相当长的时间才能实现预期的成果。不知不觉地，我们意外开始了 DataOps 驱动的数据科学之旅。

DataOps 这个名字是 Data and Operations（数据和操作）的合成词，由莱尼·利伯曼（Lenny Liebmann）在 2014 年的一篇题为《DataOps 对大数据成功至关重要的三个原因》的博客文章中首次介绍[2]。然而，直到安迪·帕默（Andy Palmer）2015 年在博客中发表《从 DevOps 到 DataOps》一文后，这个词才得以普及[3]。从那时起，人们对 Gartner 2018 年数据管理的"炒作周期"越来越感兴趣[4]。我写这本书的目的是让人们相信 DataOps 不仅仅是炒作。

作为一种相对较新的方法，DataOps 以及该领域的许多其他术语可以用不同的方式定义。Gartner 将 DataOps 狭义地定义为一种数据管理实践：

        ……一种协同式的数据管理活动，侧重于提升整个组织中数据管理者和数据使用者之间围绕数据流的沟通、集成和自动化水平。DataOps 的目标是实现数据、数据模型以及相关数据产品的按期交付和变更管理。DataOps 运用技术手段统筹和自动化数据生产过程，保障数据安全，让质量和元数据达到适当的水平，从而在动态环境中提升数据的使用价值[5]。

DataOps 中的"Ops"是一个重要的提醒，我们必须超越数据管理和数据分析的范围，思考如何提供数据和输出结果。实际上，数据交付和数据管道也只是涉及多个团队的大型数据应用程序的一个组成部分。因此，DataOps 必须包含应用程序用例，从数据获取使用的整个数据生命周期中涉及的每个团队，以及最终结果（如果要带来许多好处）。出于这个原因，我更喜欢 DataKitchen 所描述的基于传统概念的 DataOps 定义，即数据分析、精益思维、敏捷实践和 DevOps 文化的结合[6]：

- 敏捷实践确保我们致力于"正确的事情"，为"正确的人"增加价值。
- 精益思维侧重于消除浪费和瓶颈、提高质量、监控数据流，并使数据对消费者来说更方便。
- DevOps 实践是在原来彼此孤立的团队之间建立协作文化。这些实践使数据分析团队能够通过整个数据生命周期中的自动化流程更高效地工作，从而更快、更可靠地交付数据产品。

DataOps 旨在通过数据用例使多个数据消费者受益，从简单的数据共享到由 Gartner 提出的描述性、诊断性、预测性和规范性四个层次的全方位数据分析过程。它让具有数据分析、数据科学、数据工程、DevOps 技能和业务线专业知识的独立团队紧密协作在一起。

将 DataOps 应用于数据科学的目标是通过快速、可扩展和可重复的过程，将未处理的数据转化为有用的数据科学产品。这些产品将数据科学融入服务或产品的运营过程中。无论是谷歌地图查询路线还是奈飞产品推荐，我们每天都会多次成为数据产品的客户。这不是个一次性的项目。数据科学的产品处于持续监控、基于实验的迭代以及不断根据反馈进行改进的生产过程中。它有一个所有者，是可复制的，并解决了一个最终目标。用户和机器可以通过多种方式与数据科学产品交互，例如 API、可视化，甚至是 Web 或手机应用程序界面。

一旦意识到将原始数据转换为有用的数据产品可以被视为需要高水平协作、自动化和持续性的端到端装配线流程，DataOps 就可以解决数据科学与分析所面临的许多挑战。

DataOps 不是什么？

除了了解 DataOps 是什么，还必须了解 DataOps 不是什么：

- DataOps 借鉴了敏捷软件开发、精益制造和 DevOps 的最佳实践，但不是直接复制它们。一个根本的区别在于，在软件开发中，重点是在每个阶段部署的应用程序代码，而在数据科学与分析中，重点是每一步的代码和数据。通常，与用于转换和建模数据的程序代码相比，数据本身的复杂性要大得多。因此，DataOps 专注于从数据获取到销毁，从业务问题定义到模型退役过程的数据、信息和模型的全生命周期管理。
- DataOps 非常适合通过机器学习提供端到端的决策制定。但是，该方法不限于机器学习和数据科学。任何基于数据产生数据产品的工作都可以从中受益。
- DataOps 不是可以从供应商处购买或从 GitHub 复制的产品。与 DevOps 一样，其成功实施更多是关于协作、组织变革和最佳实践，而不是技术。
- DataOps 不会将您绑定到特定的语言、工具、算法或软件库。由于技术和算法的快速进步和不断变化，也不可能规定使用哪些特定的服务和软件。然而，某些解决方案确实比其他解决方案能更好地支持 DataOps，并有一些指导如何选择的原则。
- DataOps 不会代替数据本身具有的洞察力。在诸多方面，DataOps 方法通过加快提供高质量数据，使数据洞察力变得更加容易和快速。然而，它确实使数据产品的定制研究和自动化生产之间的区别更加明显。这一区别使得对于任何给定的资源水平，人们都能够有意识地在两者之间进行投资权衡。
- DataOps 不限于"大数据"（尽管在一般说法中，该术语通常与数据分析同义），并且与所用数据的大小和复杂性无关。拥有任何数据规模的组织都可以在提高数据分析速度、可靠性和质量的方法中受益。

目标读者

固步自封不利于数据科学取得成功，因此对 DataOps 的理解不能仅限于数据科学家及其管理者。负责数据和 IT 职能的高级领导者、支持数据团队的 IT 专业人员和数据工程师都可以从本书受益。

- 数据科学和高级分析专家。您是一名数据分析专家，拥有解决复杂问题和使用机器学习或人工智能算法的技能。您需要有关如何以敏捷方式工作的指导，以确保您的工作是可复制和可测试的。您想了解数据产品如何实现自动化测试和部署。您想知道如何从实验中收集反馈信息，以便从反馈结果中不断学习。

- 数据分析经理。您是数据科学家管理人员或数据科学团队负责人，并负责确定和监督他们的工作。您还忙于与业务中的客户沟通，同时也是其他职能部门的客户，这些职能部门为您的团队提供数据和 IT 资源。您希望确保与业务利益相关者合作处理最高优先级的工作。您想知道将精力集中在哪里，以便提高团队的工作效率和质量。

- 首席信息官、首席数据官和首席分析官。您负责整个职能部门，并希望通过数据和数据驱动的决策来确保组织充分利用数据资产。您需要了解为实现这一目标所需的人员、流程和技术策略。您希望了解团队面临的障碍并尝试找到解决办法。您希望衡量团队的影响力，以便为业务战略提供信息。

- 支持数据团队的数据工程师和 IT 专业人员（开发人员、架构师和 DBA）。您希望确保数据分析和数据科学团队能够以受管控的方式访问他们需要的数据（质量高且可追溯）。您希望帮助数据科学团队尽快将他们的数据产品投入生产，确保其可扩展性和可监控性。您希望与数据科学家和数据工程师合作，提供支持性数据基础设施。

本书概述

本书主要分四个部分。建议按顺序阅读，但是大多数章节都可以根据您的特定兴趣领域独立阅读。

第一部分介绍了当前数据科学交付面临的挑战，以及为什么必须首先从整体数据战略开始；介绍了在现实世界中成功实施数据科学项目的障碍和复杂性，描述了数据分析为何如此困难。

第二部分描述了将精益思维和敏捷方法引入数据科学的测量和反馈，从而实现持续改进和科学方法的需要，帮助我们理解 DataOps。从数据科学中获取价值所面临的挑战来自三个方面：浪费、与业务不协调以及难以大规模生产输出。这些挑战中的每一个都可以通过借鉴其他领域使用的方法来解决，特别是制造和软件开发领域，这些领域已经成功实现了大规模复杂性问题的管理。

第三部分描述了如何通过测试建立对数据的信任，通过更好的数据治理建立对用户的信任，通过可重现的工作流和快速改进的 DevOps 增加 DataOps 的速度和规模。

第四部分针对技术评估提供了一些建议，以支持 DataOps 目标的敏捷性和自助服务，并介绍了成功实施 DataOps 协作的解决方案，总结了应用该方法的推荐步骤。

尾注

1. Data Science Platforms Help Companies Turn DataInto Business Value, A Forrester Consulting Thought Leadership Paper Commissioned By DataScience, December 2016. https：//cdn2. hubspot. net/hubfs/532045/Forrester-white-paper-data- science-platforms-deliver-value. pdf

2. Lenny Liebmann "3 reasons why DataOps is essential for big data success," IBM Big data and Analytics Hub, Jun 2014. www. ibmbigdatahub. com/blog/3-reasons-why-dataops- essential-big-data-success

3. Andy Palmer "FromDevOps to DataOps," May 2015. www. tamr. com/from-devops-to-dataops-by-andy-palmer/

4. Gartner Hype Cycle for Data Management, July 2018. www. gartner. com/doc/3884077/hype-cycle-data-management-

5. Nick Heudecker, "Hyping DataOps," Gartner Blog Network, July 2018. https：//blogs. gartner. com/nick-heudecker/hyping-dataops/

6. DataKitchen, "DataOps is NOT Just DevOps for Data," Medium. https：//medium. com/data-ops/dataops-is-not-just-devops- for-data-6e03083157b7

目录

Contents

第 3 部分　进一步措施

第 4 部分　自服务组织

1

第 1 部分

入　门

第 1 章

数据科学中的问题

在采用 DataOps 作为解决方案之前，充分理解试图解决的问题是很重要的。在网上的文章里，会议的演讲中，或者那些领先数据驱动型组织，如脸书（Facebook）、亚马逊（Amazon）、奈飞（Netflix）和谷歌（Google）的案例中，成功的数据科学实践似乎是一个简单的过程，而现实情况则完全不同。

毫无疑问，虽然有成功的案例，但也有大量证据表明，对数据科学的很多投资并没有产生大多数组织所预期的回报。原因有很多，但可以归结为两个根本原因：首先，尽管已经处于 21 世纪，但数据处理和分析还在采用 20 世纪的信息架构方法；其次，缺乏数据科学与分析的知识和组织层面的支持。业内普遍信奉的教条（20 世纪）使事情变得更糟，而不是更好。

有问题吗？

利用数据解决有价值的问题，可以创造竞争优势。许多组织正设法从数据科学和数据分析方面的投资中获得成功：

- 奈飞公司产品创新副总裁卡洛斯·乌里布−戈麦斯和首席产品官尼尔·亨特发表了一篇文章，声称推荐算法每年为公司挽回价值 10 亿美元的用户流失[1]。

- 孟山都的数据科学举措之一是改善全球运输和物流，每年可以节省近 1400
  万美元的成本，同时减少 CO_2 排放 350 吨[2]。
- Alphabet 公司的著名项目 DeepMind 利用 AlphaGo 与伦敦摩尔菲尔德眼科医
  院合作开发了一套人工智能系统，专攻 50 多种威胁视力的疾病，准确率可
  以媲美世界领先的医学专家[3]。

大多数组织不想落后于人，所以将大量资金花费在昂贵的技术上，并高薪聘请数据科学家、数据工程师和数据分析师等角色组成团队来理解其数据问题并推动决策。即使在最大型的组织中，曾经的利基活动现在也仍被视为核心竞争力。相比只有 3.5% 的全球 GDP 年增长率，投资和就业岗位的增长率却非常惊人：

- 国际数据公司（IDC）预计，到 2022 年底，大数据和业务分析解决方案的
  全球收入将达到 2600 亿美元，2017 年～2022 年间的复合年增长率达
  到 11.9%[4]。
- 领英（LinkedIn）的新兴就业报告显示，2012 年～2017 年间美国增长最快
  的四大行业岗位就包括机器学习工程师、数据科学家和大数据工程师，尤
  其是数据科学家的需求暴增了 650% 以上[5]。

现实

尽管投入了大量资金，但只有少数组织取得了有意义的成果。而且考虑到披露竞争优势方面的限制，可以证明量化结果的案例非常稀少。数据量的指数级增长、解决方案投入的快速增长，以及技术和算法的改进，并没有带来数据分析生产率的提高。

相反，一些迹象表明，数据分析项目的成功率正在下降。2016 年，弗雷斯特（Forrester）得出结论，只有 22% 的公司从数据科学的投资中获得了高收入增长和利润[6]。此外，在 2016 年，加特纳（Gartner）估计 60% 的大数据项目会失败，企业情况会变得更糟。2017 年，加特纳公司的尼克·赫德克发布了一篇文章，批评到 60% 的估计过于保守，实际的失败率应接近 85%[7]。

虽然大部分调查数据与"大数据"有关，但我仍然认为尼克的结论和数据分析具有相

关性。在数据科学领域之外，大多数人错误地认为"大数据""数据科学"和"数据分析"是可互换的术语。

尽管在数据科学与分析方面进行了大量投资，但回报却是十分微薄，生产力也没有得到预期的提升，造成这种局面可能有多种原因，最主要的原因是采集的数据量爆炸式增长，而技术、软件和算法可能无法匹配所采集数据的数量和复杂性，数据科学家的技能水平可能也不够，流程改进可能跟不上数据驱动产生的机会。最后，组织和文化的障碍可能也会阻碍数据的开发。

数据价值

没有迹象表明收集数据的边际价值已经下降。越来越多的数据来自各种新的数据源，如物联网设备传感器或移动设备，并且很多数据是非结构化的，如由事件日志生成的文本、图像或半结构化文档。所获数据的数量和多样性正在扩大数据科学家提取知识和驱动决策的机会。

然而，有证据表明，糟糕的数据质量仍然是一个严峻的挑战。2018 年的一份数据科学报告显示，55%的数据科学家将数据质量视为他们最大的挑战[8]。自 2015 年这份报告首次发布以来，这一比率几乎没有变化，当时 52.3%的数据科学家称，质量差的数据是他们最大的日常障碍[9]。在卡格尔（Kaggle）2017 年的数据与机器学习状况调查报告中，脏数据也被列为头号障碍，此外 30.2%的受访者提到，"数据不可用或难以访问"是第五大重要障碍[10]。

技术、软件和算法

没有迹象表明技术、软件和算法的发展未能跟上采集数据数量和复杂性的增长。技术和软件在继续发展，以处理日益复杂的问题，同时采用简化的界面，以向用户隐藏复杂性，或者提高自动化程度。例如，曾经为了运行多个 TB 的数据，一个内部复杂的 Hadoop 集群是唯一的选择，但现在相同的工作负载可以托管在 Spark 或 SQL 等查询引擎（即服务）上运行，而不再需要构建基础设施工程。

像 Keras 这样的神经网络库使得利用谷歌流行的 TensorFlow 等深度学习库变得更容易。像数据机器人（DataRobot）这样的供应商已经实现了机器学习模型的自动化生产。深度学习算法和架构的进步，以及具有多层的大型神经网络，如卷积神经网络（CNN）和长短期记忆网络（LSTM 网络），已经使自然语言处理（NLP）、机器翻译、图像识别、语音处理和实时视频分析逐步变成可能。从理论上讲，所有这些发展应该提高数据科学投资的生产率和投资回报率（ROI）。也许还有一些组织中正在使用过时或错误的技术。

数据科学家

作为一个相对较新的领域，数据科学家缺乏经验可能是一个问题。在卡格尔的数据与机器学习状况调查报告中，数据科学家的年龄众数范围仅为 24～26 岁，中位年龄为 30 岁。中位年龄各个国家还有所差异，美国是 32 岁。然而，这仍然远低于美国工人的平均年龄（41岁）。受教育程度并不是问题，15.6% 的人拥有博士学位，42% 的人拥有硕士学位，32% 的人拥有学士学位[10]。由于各种形式的高级分析在 2010 年之前都没有得到重视，经验丰富的管理人员也很缺乏，所以尽管有许多非常聪明的数据科学家，但是在组织文化方面仍缺乏新领域行业经验和领导力的积累。

数据科学过程

要找到关于实现数据科学的过程和方法的调查数据非常具有挑战性。著名网站 KDnuggets 2014 年的调查显示，43% 的受访者使用跨行业数据挖掘标准流程（CRISP-DM）作为数据分析、数据挖掘和数据科学项目的首选方法[11]。第二受欢迎的根本谈不上是一种方法，那就是受访者自己的土办法。SAS 研究所的抽样、探索、修订、建模和评估模型（SEMMA）排名第三，但由于该模型的使用与 SAS 产品紧密绑定，所以排名正在迅速下降。

CRISP-DM 和知识发现数据库（KDD）等其他数据挖掘方法面临的挑战在于，它们认为相比现实世界，数据科学是个更加线性的过程。它们鼓励数据科学家花费大量的时间来规划和分析一个近乎完美的交付，但这很可能不是客户最终想要的。没有人会关注最小可行产品、来自客户的反馈或迭代，以确保能明智地把时间花在正确的事情上。它们还将部署和监控视为一个"越过篱笆"的问题，在缺乏沟通和协作的情况下将工作交给其他团队完成，从而降低了成功交付的机会。

作为应对，许多组织提出了新的方法，包括微软的团队数据科学过程（TDSP）[12]。与以前的方法相比，TDSP 有了显著的改进，它认识到数据科学交付需要的是敏捷、迭代、标准化和协作。遗憾的是，TDSP 似乎并没有获得太多的关注。TDSP 和类似的方法也局限于数据科学的生命周期。是时候采用一种涵盖从数据采集到退役，端到端的数据生命周期管理方法了。

组织文化

情绪、场景和文化因素严重影响着商业决策。财富知识集团对来自 9 个行业不同学科的 700 多名高级管理人员进行的调查显示，数据驱动的决策存在障碍。大多数（61%）的高管同意，在做出决策时必须先有人的洞察力，然后再进行数据分析。62% 的受访者认为，通常有必要依赖直觉，"软因素"应该得到与数据因素同等的重视。令人担忧的是，三分之二（66%）的 IT 高管表示，他们做出这样的决定，往往是出于一种希望符合"惯例"的愿望[13]。这些都不是孤立的发现。新优势合作伙伴（New Vantage Partners）的 2017 年大数据高管调查发现，文化挑战仍然是业务成功的障碍：

> 超过 85% 的受访者表示，他们公司已经启动建设数据驱动型文化的项目，但只有 37% 的人表示项目取得了成功。大数据技术不是问题所在，管理层的认识、组织一致性和总体组织阻力才是罪魁祸首。人们要是能像数据一样具有可塑性就好了[14]。

亚马逊用算法取代高薪白领决策者，且取得了巨大成功，但是很少有公司效仿它——这并不奇怪[15]。

提供成功的数据科学无关技术的挑战，而是文化态度，许多组织对待数据科学的态度在不断摇摆，一会儿视其为需要循序渐进的实践，一会儿又视其为能应对所有挑战的完美解决方案的一部分。算法的有效性也不是问题。算法和技术远远领先于提供高质量数据、克服人员障碍（技能、文化和组织）以及实施以数据为中心的流程能力。

然而，这些症状本身是更深层次原因的结果，如缺乏使用数据做出最佳决策的知识，沿用 20 世纪分析、处理数据的传统观念，以及缺乏对数据分析的支持。

知识鸿沟

当从组织的最高层开始实施数据科学时，多重知识鸿沟使得在组织中嵌入数据科学变得困难。因此人们很容易就此指责商业领袖和 IT 专业人士。知识鸿沟是双向的，数据科学家必须承担部分责任。

数据科学家的知识鸿沟

数据科学旨在通过从数据中提取知识来帮助人们更好地做出决策，从而采取有益的行动。为了实现这一点，数据科学家需要更好地理解业务领域，以便更好地理解业务问题，确定正确的数据并进行准备（通常是第一次检测质量问题），对数据使用正确的算法，验证他们的方法，说服利益相关者采取行动，实施其产出，并衡量结果。数据科学涉及的范围很大，因而需要广泛的技能，除自身工作领域外，还需要具备与组织内多个职能部门的协作能力、批判性和科学思维、编码和软件开发技能，以及广泛的机器学习和统计算法知识。此外，在商业环境中，向非技术受众传达复杂想法的能力和商业敏锐度也至关重要。在数据科学行业，具备所有这些技能的人和独角兽一样稀缺。

由于找到这样的独角兽是非常困难的（他们通常不注册领英或参加聚会），所以很多组织会尝试一个次优选择，比如分别雇用具有编程（Python 或 R）、分析、机器学习、统计和计算机科学技能的人，这些技能恰好是最受欢迎的五种技能[16]。这些技能也是数据科学家和其他人之间的区别。不幸的是，这种做法强化了初级数据科学家的错误信念，即专业技能应该是重点，但这往往会创建危险的同质化团队。

> "使用一个双向长时间短期记忆算法（LSTM）为我创建一个机器翻译注意力模型，将注意层输出到一个堆叠的注意后 LSTM 中，提供给 softmax 函数进行预测"，没有哪个首席执行官会这样说话。

面试时，我总是被很多应聘者吓一跳，他们说自己的主要目标是能够创建深度学习、强化学习和某某算法模型。他们的目标不是真正解决问题或帮助客户，而是希望应用当今最热门的技术。数据科学代价太高了，不能被当作一种有偿的爱好来对待。

数据科学家认为他们所需要的技能和他们真正需要的技能之间相互脱节。不幸的是，在数据驱动的决策过程中，技能远远不是推动真正成功的最重要因素。他们经常面对难以获取或低质量的数据、缺乏管理层的支持、没有明确要解决的问题，或被决策者忽视的结果，以及没有资深领导率领的数据科学家们无法改变这种文化。有些人寻找更绿色的牧场，跳槽换工作，却发现在大多数组织中都存在着类似的挑战。其他人则只关注他们可以控制的那部分过程，即建模。

在数据科学中，特别是在初级数据科学家中，往往过分强调机器学习或深度学习，认为最大限度地提高测试数据集的模型准确性就是成功。培训课程、在线文章，尤其是卡格尔比赛都在鼓励这种行为。对我来说，测试数据集预测的高精度是对成功的一种奇怪解释。根据我的经验，通常最好尝试 10 个解决方案，而不是过早花几周时间去优化问题的某个解决方案，因为事先并不知道将要做什么。只有从消费者那里得到反馈并度量结果时，才会看到方案是否推动了有益的行动，甚至是有用的学习。此时可以决定进一步努力优化价值的方向。

目标必须是让一个最小可行产品尽快投入生产。一个笔记本电脑中的完美模型，如果不投入生产，就会浪费巨大精力，所以它比一个不存在的模型更糟糕。在某些领域，模型准确性是至关重要的，如医疗诊断精度、欺诈检测和广告技术，相对于那些做任何事都比什么都不做有显著改进的应用程序，这些只是少数。即使在从优化模型精度中获得的效益与付出不成比例的领域，量化现实世界的影响仍然更重要。

与创建模型相比，投入生产需要不同的技能，其中最重要的是相关的软件开发技能。对于许多数据科学家来说，编码只是达到目的的一种手段，他们缺乏软件开发背景。他们不知道编码和软件工程是具有不同最佳实践的学科。如果能意识到这点，他们就会将编写可重用代码、版本控制、测试或文档视为需要关注的问题点。

软件开发技能薄弱会导致困难重重，特别是在可再现性、性能和工作质量方面。解决模型投入生产的障碍并不仅仅是数据科学家的责任。通常，他们无法获得使其模型投入生产所需的工具和系统，因此必须依赖其他团队来促进实施。天真的数据科学家忽略了本地开发和基于服务器的生产之间的鸿沟，他们没有考虑编程语言的影响，并将其视为一个别人可以解决的问题。缺乏经验会不可避免地导致摩擦和失败。

IT 知识鸿沟

表面上看，数据科学和软件开发有相似之处，两者都涉及代码、数据、数据库和计算环境。因此，数据科学家需要一些软件开发技能。然而，机器学习和常规编程之间也存在一些区别，关键区别如图 1-1 所示。

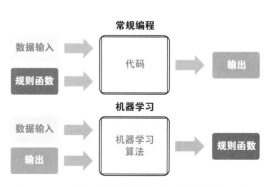

图 1-1　常规编程和机器学习之间的关键区别

在常规编程中，将规则或逻辑应用于输入数据，以根据充分理解的需求生成输出（输出 = f（输入），如 $Z = X + Y$）。输出和输入数据的样本以及它们各自的属性（称为特征）为机器学习算法提供了依据。机器学习算法试图通过训练过程最小化代价函数来学习从输入中生成输出的规则，而这种训练过程在现实数据中永远不会达到完美的精度。经过适当的训练后，常规编程就可以使用机器学习模型规则来对新的输入数据进行预测了。常规编程和机器学习之间的差异对数据质量、数据访问、测试、开发过程，甚至计算需求都有着深远的影响。

"垃圾输入，垃圾输出"这句话适用于常规编程。同样，高质量的数据对于机器学习也至关重要，因为算法依赖于良好的数据来训练规则。低质量的数据将导致低劣的训练和预测效果。通常，更多的数据允许机器学习算法破译更复杂的信息并生成更准确的预测。此外，数据中更多的固有特性能够使算法提高预测精度。数据科学家还可以根据领域知识和经验，从现有数据中设计其他特性。

模型训练是迭代的过程，而且计算成本昂贵，高容量内存和更强大的 CPU 利于使用更多的数据和复杂的算法。用于创建机器学习模型的语言和库专门用于数据分析，常用的是 R 和 Python 语言。一旦模型创建完成，接着就是软件开发人员更加熟悉的部署过程了。

在常规编程中，逻辑是最重要的部分。也就是说，确保代码的正确性至关重要。开发和测试环境通常不需要高性能计算机，而具有足够覆盖率的样本数据就能够完成测试。在数据科学中，数据和代码都是至关重要的。没有正确答案可供验证，只有可接受的准确度。通常，需要最少的代码（与常规编程相比）来拟合和验证模型，以达到较高的测试精度（如95%），而复杂性在于确保数据可用、可理解和正确。

即使是模型训练，也必须采用生产数据，否则模型就不能很好地预测具有不同数据分布的真实数据。除非数据科学家选择测试数据作为特定问题深度策略的一部分（如随机抽样、交叉验证、分层抽样），否则样本数据是无用的。虽然这些要求与机器学习有关，但它们一般适用于所有数据科学家的工作。

数据科学家的需求通常不被 IT 理解，甚至被那些提供支持的人误解为"有就不错了"。数据科学家经常被要求证明为什么他们需要访问多个数据源、需要完整的生产数据、需要特定的软件和功能强大的计算机，而其他"开发人员"并不需要这些，而且报告分析师多年来一直是通过在关系数据库中运行 SQL 查询来"挖掘"数据的。令人沮丧的是，数据科学家也不理解 IT 背后的原因。数据科学家们经常感到沮丧，因为很难证明那些必要性需求的价值。我曾不止一次被问"为什么你需要这些数据?"，每次都让我心头一沉。

很少看到专门用于支持高级分析的 IT 流程。从采集数据的方式开始，再到规划、分析、设计、实现和维护方面，都会产生成本和时间开销，因此许多开发人员将采集新数据项视为一种负担，大多数组织都是首先支持客户关系管理（CRM）、财务管理、供应链管理、电子商务和营销等运营流程数据需求。通常这些数据位于不同的系统中，每个系统都有自己严格的数据治理策略。

通常，数据将经过 ETL（提取、转换、加载）过程被转换为结构化表格数据，然后再加载到数据仓库中，以便进行分析。对于数据科学来说，这种方法有一些缺点。只有一部分数据通过 ETL，而且通过 ETL 的数据通常优先用于报表。添加新数据项可能需要数月的开发。因此数据科学家无法获得原始数据，而他们需要的恰恰是原始数据！

传统的数据仓库通常只处理关系模型的结构化数据（将数据划分到多个可结合的表中以避免重复并提高性能），并且很难管理如今海量的数据规模。这些数据仓库不能处理常见的非结构化文本数据，有时甚至不能处理机器生成的半结构化数据格式（如 JSON）。一种解决方案是创建数据湖，湖中数据以原始格式存储，并在需要时通过 ELT 过程转换成使用场景需要的格式。

当数据湖不可用时，数据科学家必须自己提取数据，并将其组合在本地机器上或与数据工程师合作，将他们需要的工具、计算资源和存储构建到工作环境中。访问数据及提供环境、安装工具和软件的请求通常由其他团队负责，他们对安全性、成本和治理的关注各不相同。因此，数据科学家需要与不同职能团队一起工作，以部署和安排他们的模型、仪表板和 API。由于协同的流程与数据科学需求不一致，导致成本大大提高。

整个数据生命周期分散在许多 IT 团队中，每个团队都根据其职能目标独立地做出理性决策。这样烟囱式的流程无法为数据科学家服务。数据科学家需要一条从原始数据到交付最终数据产品的管道，现有的流程出现了重大挑战。他们需要证明自己的需求，并与多个利益相关者协商以完成交付，即使成功了，也要依赖其他团队完成许多任务，并任由需求的大量积压和优先顺序的任意调整。没有任何人或职能部门对导致延迟、瓶颈和运营风险的整个管道负责。

很多时候，数据安全和隐私被认为是访问和处理数据的障碍。人们真正关注的是确保遵守法规、尊重用户隐私、保护声誉、捍卫竞争优势和防止恶意损害，然而面对这些担心，经常采取的是规避风险的策略，而不是实施可以安全合规使用数据的解决方案。更典型的情况是，当实施数据安全和隐私策略时，没有进行全面的成本效益分析，也没有充分了解对数据分析的影响，这时一般就会出现问题。

技术知识鸿沟

虽然技术不是数据科学成功实施的唯一障碍，但正确使用工具仍然至关重要。图 1-2 显示了数据生命周期中从原始数据到有用的业务应用之间典型的软硬件逻辑架构。

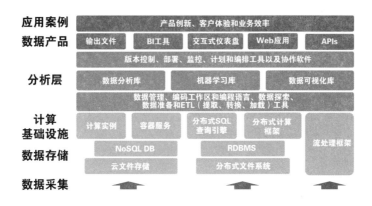

图 1-2　数据生命周期中的典型软硬件逻辑架构

数据产品的创建需要许多软件和硬件结合起来，设计开发者必须全面了解生命周期各层的需求和投资平衡。不幸的是人们很容易关注拼图的一部分，而忽视其他部分。大型企业倾向于专注构建应用程序的大数据技术，它们痴迷于 Kafka，Spark 和 Kubernetes，但无法为数据科学家提供足够的数据、软件和工具访问权限。规模较小的组织有可能向数据科学家提供所需的软件工具，但可能无法投资于存储和处理技术，使分析处理局限在个人计算机上。

即使在工具方面做了正确的投资，组织仍然可能低估了构建、维护和优化技术栈所需的支持资源。如果在数据工程、数据治理、DevOps、数据库管理、解决方案架构和基础设施工程方面没有足够的人才，几乎不可能有效地利用这些工具。

更大的组织通常会错误地将数据科学视为"旧世界的瀑布式"技术项目，在开始使用数据之前，需要昂贵的基础设施或工具。这种理念来自 20 世纪，当时处理大规模数据和应用分析的唯一选择是从 Oracle、Teradata、IBM 或 SAS 等公司购买昂贵的封闭系统。问题在于瀑布式技术项目速度慢、成本高，而且数据科学活动很可能失败。即使真的交付了产品，但技术发展如此之快，最终解决方案在发布时可能已经过时。现在不需要数百万美元的企业级 Hadoop 集群就可以开始数据科学探索。在加大技术和人员投资之前，还需要足够的实用功能来证明价值。

领导力知识鸿沟

大多数 C 层级的高管似乎并不理解数据科学，尽管他们往往很懂数字，甚至很懂 IT。一个可能原因是他们倾向于阅读最新的《哈佛商业评论》，并把它当作福音。他们知道，像谷歌、亚马逊和脸书这样的成功公司有很多数据，所以他们也必须存储这些数据。他们似乎认为，雇用那些拥有天体物理学博士学位的聪明数据科学家，是创造奇迹、从数据中创造价值和增加资金流动所需要的一切。资金确实在流动，但是，正如我们从证据中看到的，它流向了相反的方向。存储数据是一种成本，聘用数据科学家成本也不低。

投资者和董事会担心错过机会，有时会施加压力，要求高管站在进步的最前沿，这导致他们从一个潮流跳到另一个潮流。"单一客户视图""大数据""Hadoop""Customer 360"只是近年来迅速发展和消失的一些流行语。数据科学中最新的流行语是"人工智能（AI）"，类似人类，它是机器在学习、解决问题和理性决策方面执行任务的能力。市场情报研究公司 CB Insights 分析了 10 年来上市公司的盈利报告记录，结果显示，"人工智能"在 2016 年年中取代"大数据"成为分析学的流行语，从那时起，"人工智能"被提及的次数大幅增长（仅 2017 年第三季度就讨论了 791 次），季度环比增长 25%[17]。

不仅高管对下一个大概念感兴趣，记者们出于自己的目的也沦为炒作机器。供应商将产品更名为"大数据驱动""机器学习驱动""人工智能驱动"，以继续引领潮流。

咨询顾问们往往夸大采用新方法的好处，以及尽量减少实际实施成本和复杂性方面的利害描述。优秀的供应商和顾问应该明确在数据科学领域工作的困难，并提供解决实际问题的真实答案。

如果 C 层级高管没有采用数据表达，数据科学及其技术看起来就只是一门黑科技。高管们由于不熟悉，所以很难将宣传与现实分开，也很难真正理解最大限度利用数据所需的要求。例如，人工智能不是一个神奇的黑匣子，它只是一个好的策略，可以带来全生命周期的算法集合。图 1-3 显示了人工智能与机器学习和深度学习之间的关系。

人工智能并不新鲜。在 20 世纪 50 年代数字计算机问世后不久，人工智能算法就被开发出来了。直到 20 世纪 90 年代机器学习（和相关的处理能力）开始蓬勃发展之前，它们一直保持着原始状态。机器学习在概念上是人工智能的一个子集，可以从数据中学习的算法被认为是智能的。最近正是在强化学习和深度学习（这是两种机器学习的子集）方面的快速发展推动人工智能成为主流。

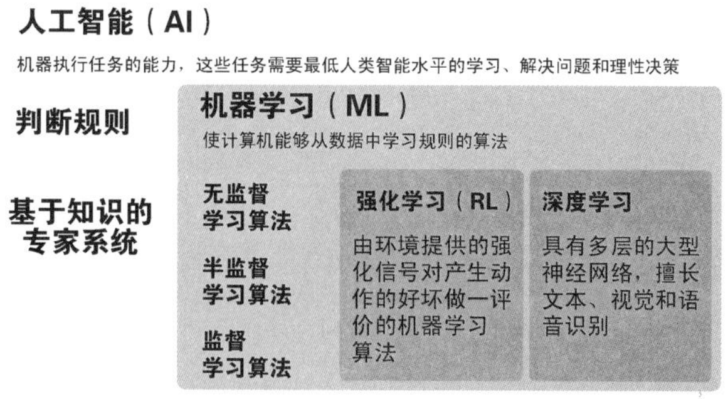

人工智能（AI）

机器执行任务的能力，这些任务需要最低人类智能水平的学习、解决问题和理性决策

判断规则

机器学习（ML）

使计算机能够从数据中学习规则的算法

基于知识的专家系统

无监督学习算法	强化学习（RL）	深度学习
半监督学习算法	由环境提供的强化信号对产生动作的好坏做一评价的机器学习算法	具有多层的大型神经网络，擅长文本、视觉和语音识别
监督学习算法		

图 1-3　人工智能与机器学习和深度学习之间的关系

在强化学习中，主体在一个环境中采取行动，获得一个奖励（积极、中性或消极）作为反馈，并移动到下一个状态，代理从动作、奖励和状态循环中学习最大化累积奖励的规则。深度学习使用具有多层和专门结构的神经网络来解决复杂问题。深度学习是当今许多人所认为的人工智能，即神经网络算法利用自然语言处理、图像识别、语音处理和实时视觉分析等方法或能力来解决人类感知问题。

人工智能是真实的，它的好处是实实在在的。它不是统计学、机器学习或神经网络的简单品牌重塑，而是这些方法的大集合。然而那些糟糕的产品、无效的营销和存在深层次问题的流程，单靠人工智能策略是无法神奇修复的。如果没有正确的基础，将无法实现这些好处。一个难以嵌入简单统计度量和预测的组织将难以使机器学习成为日常工作，而一个无法从日常机器学习中获得成功的组织也不会发现和利用深度学习。领导层缺乏对人工智能的理解，会导致对短期成就不切实际的期望，要知道人工智能的实施不仅需要人力和技术方面的投资，还需要流程和文化变革。

数据素养鸿沟

数据素养是指能够阅读数据表和图表，理解并得出正确结论，知道何时可能出现错误信息的能力。它还包括用数据向其他人传达信息的能力。为了从数据中获得最大收益并使数据科学取得成功，需要具备高级数据素养。高级数据素养包括试验设计知识、统计素养、对预测分析的理解能力、使用机器学习理解"大数据"的能力，以及从文本、图像、音频和视频等非结构化数据中提取信息的能力。

不幸的是，高级数据素养在组织中极为罕见。拥有高级数据素养的人应该会逐步增多，但即便如此，我也不期待相关技能会得到广泛应用。挑战不仅限于数据，而是适用于任何技术领域。每周我都会遇到一些同事手动执行流程，如果具有基本或中级编码技能，这些流程都可以实现自动化。在大多数情况下，这种自动化至少能提高 10 倍效率。然而，尽管自 20 世纪 80 年代初以来在个人计算机上就可以实现编码，而且免费培训材料也很普遍，但大多数人仍然认为编码太复杂，不是他们的工作，甚至是一种威胁。人工智能和机器学习让一些人兴奋不已，但我的大部分同事并不想培养自己的高级数据素养，正如数据科学家一般都不想学习会计一样。

缺乏高级的数据素养可能造成重大问题。有足够知识的同事也可能做出错误的决定。辛普森悖论（从聚合数据中得出错误的结论）和幸存者偏差（基于过滤过程的结果，而不是基于原始数据的结果）只是两个普遍存在的典型例子。对于一个优秀的数据科学家来说，应熟悉许多分析上的陷阱。

有能力的数据科学家能够确保问题的结构合理，并应用正确的技术得出正确的推论。假设在 Web 站点上运行测试，以得到更改"马上下单！"按钮颜色对订单转换率的影响，一半的网站访问者将随机看到现有的绿色按钮（冠军），另一半访问者看到新的红色按钮（挑战者）。经过一天的测试，红色按钮的点击率为 33%，绿色按钮点击率为 32%。

产品经理热衷于宣布优化成功，并推出红色按钮，但数据科学家并不买账。他们想知道进行统计测试的所有访问者数量而不仅仅是点击率，以确保结果不是偶然的。一些看到红色按钮的访问者可能是最近又回来了，因为之前已经看到了绿色按钮，所以不应该被认为是第一次看到红色按钮的访问者。点击浏览通常不是公司赚钱的地方，因为许多客户通过点击浏览来了解运输成本。影响点击量很容易，但实现真正的销售却很难。可以对试验中首次计入购买周期的访客销售率进行统计显著性测试，以验证是否有证据表明红色按钮比绿色按钮更好。

数据科学家会批判性地思考，避免从表面看结果。大众媒体中数据科学的第一个例子是美国零售商塔吉特能够确定一个十几岁的女孩怀孕了，而她的爸爸却没有发现[18]。他们训练了一个婴儿登记模型，对女性购买商品进行统计建模，并使用该模型在目标女性怀孕期间发送婴儿商品优惠券。一位父亲向塔吉特抱怨他的女儿收到了优惠券，后来他发现女儿确实怀孕后向塔吉特道歉。这是统计建模的胜利吗？数据科学家们对此并不感兴趣，不仅仅是因为这种活动令人不安。要知道即使没有数据或模型，也可以得到同样的结果。给每个人都寄去与婴儿有关的优惠券，那么肯定会有一个受赠人怀孕，而没有告知她父亲。相反，数据科学家希望知道这个模型的准确性指标，比如假阳性率（有多少人被错误地预测怀孕），然后再宣布它是否成功。

仅依赖基本的数据素养往往会导致数据使用情况不理想。通常人们认为自己在做数据驱动的决策，而实际上是在做假设驱动的决策。一个典型的例子是使用单一维度的数据，或基于规则的标准，来做出关于特定目标的决定（例如，25～34 岁的男性最有可能提交欺诈性索赔，所以应该把审计预算花在他们身上），这就是把数据车置于目标马之前。数据科学家明白，寻找最有可能提交欺诈索赔的客户是预测建模问题的目标，然后可以用这个模型评估所有可用数据，从而在单个客户层面计算更准确的欺诈可能性。预测建模和其他高级技术对于那些没有高级数据知识的人来说是不透明的，因此他们很容易因为过于复杂而拒绝数据科学家的解决方案。

生病时我不会尝试自我治疗，而是拜访专业医生以寻求建议，并相信他们的经验和基于知识的建议。依赖专家也是组织中的一种典型行为。会计师负责制作财务报告，采购专家负责进行供应商谈判，以及生产经理指导制造。决策者很少会挑战专家或事后猜测专家。然而，基本的数据素养在大多数组织中已经足够广泛了，许多决策者认为他们"理解了"。他们相信自己正在准确地评估数据，并凭直觉做出明智的决策，他们是在充分利用数据做出正确的决策。不幸的是，如果没有高级的数据素养，他们往往会偏离目标。

缺乏高级的数据素养是"数据大众化"受到局限的原因。虽然信息总是多比少好，但将数据从 Excel 电子表格移动到可视化商业智能（BI）工具中不会自动做出更好的决定，就像向我显示 CT 扫描图像和血液测试结果不会帮助我治愈自己一样。我没有能力诊断，也无法对药物和程序做出正确的决定。

缺乏支持

雇用聪明的人，让他们去增加商业价值，这是失败的秘诀。数据科学家负责确定目标并找出问题来解决，找到数据、访问数据、清理数据、安装软件，并找到硬件来运行他们的数据产品。可能是因为许多人认为数据科学只是相比在 Excel 工作簿中探索数据更大的一个版本，太多的公司没有意识到这是一个需要变革并利用数据驱动新世界的机会。IT 部门历来会控制对软件、系统和数据的访问，以执行数据治理和数据安全标准，而且大多数部门都在继续这样做。数据管理和数据科学并不冲突。正确的数据管理可以使数据科学更加有效，错误的数据管理则会扼杀数据科学。

教育和文化

一个普遍的期望是，要求数据科学家全权负责企业教育，使其成为数据驱动型的组织。然而，相比一起工作的人，数据科学家往往在业务流程方面相对缺乏经验，因此难以做出文化上的改变。当然数据科学家有可能会成功地影响个别人（倡导者），以促进数据驱动的决策，但如果被影响的人离开，那么这个周期必须从他们的替代者重新开始。把数据科学家变成教师并不能很好地利用他们的时间，当然也不能指望其他职业会这样做。高级分析培训需要集中提供给那些需要的人，他们永远是一小部分人，如果真的想成为数据驱动型的企业，就必须像谷歌一样雇用员工。也就是说，找到那些恰好是优秀产品、商务或营销经理的高级分析人员[19]。

创建数据驱动的文化必须自上而下、以身作则。除了投资于人员和技术外，还必须让高级管理人员根据数据做出决策，并要求从他们的直接下属那里看到同样的行为。他们必须衡量后续的操作，并请求查看已发布的指标。这种类型的角色建模将会逐步影响组织。不幸的是，这种情况很少发生。通常，高级管理人员因其经验和判断力起作用，会要求其他人做出数据驱动的决策，而自己继续做出本能的决策，这样的决策在过去对他们很有帮助。这种行为发出了关于数据在决策中重要性的错误信号。

不明确的目标

数据、洞察、决策和行动都不是同义词。数据是原始信息。洞察是对这些数据的准确理解。这些洞察应该会导致促使人们做出决策的改变，并产生有益的行动。一个常见的问题是将数据科学视为一项纯粹的研究活动。数据科学家被告知在数据中寻找"有趣的见解"，或回答一些没有明确目标的"有趣问题"。传统的看法是，如果数据自由，科学家将发现洞察的金块，并自动将其转化为金钱。这种方法存在如下几个问题。

鉴于让管理者对数据采取行动的文化障碍，以及在生产数据产品方面的 IT 障碍，如果这些洞察不能与业务目标紧密保持一致，那么其在推动决策方面就会面临重大障碍。这样的洞察最多只能提供一份临时的决策支持报告，该报告可能会、也可能不会导致采取行动。数据科学家热情地提供帮助，他们越来越多地回答了本应由商业智能（BI）或自助数据分析应该回答的那些低价值的业务问题。组织认为这对关键绩效指标（KPI）没有什么帮助，而且质疑昂贵的数据科学团队的价值。

洞察没有被重视，还有另一个原因。分享一下我在邓恩胡姆比（Dunnhumby）时的经历。创始人很早就意识到，如果他们为 1000 万客户提供数据驱动的客户洞察，他们的收入不会比为 100 万客户提供客户洞察的收入高出十倍。

然而，如果利用数据销售 1000 万张食品优惠券，他们将得到销售 100 万张优惠券 10 倍的报酬。邓恩胡姆比是世界上最早利用乐购和克罗格忠诚度计划实现数据变现且形成规模的公司之一，它把数据用于目标客户的销售，而不是像当时其他机构那样仅仅为管理层提供决策支持，它发现了扩展数据驱动决策的重要性。

同一数据可以有多种用途。云资源可以大规模扩展，数据管道也可以自动化，但人们的工作时间有限。组织需要寻找扩大数据科学家影响力的方法。产生数据驱动的决策支持洞察所花费的时间是个问题，时间没有办法进行扩展。如果想得到加倍的效果，必须把花费的时间增加一倍。就像任何基于实验室的纯研究工作一样，纯粹的洞察也是如此。应从数据科学资源中预留研发（R&D）预算，用于长期战略目标。

如果洞察不是最终产品，而是一个过程的开始，为什么它仍然受到如此多的关注？原因很简单，就是后遗症。过去很少有数字自动化，因此数据分析试图影响人类的决策，只能是数据分析员对数据进行研究，然后提出一份包含建议的文档，接着继续讨论下一个问题。分析结果只是保留在计算机上或书面报告中的情况已然发生改变。自动化机器决策的机会超过了人工决策的机会。分水岭时刻发生在大约 20 年前，谷歌的自动网页排名（PageRank）算法击败了雅虎人工编辑的网页目录，那可是当时全球访问量最大的网页。

留给数据科学家来弄清楚

有代表性的数据科学旅程充满了挫折。曾有一位数据科学家有一个业务问题需要解决，其第一步是评估组织中可用的数据，结果发现很难找到有用的数据源，因为这些内容通常没有很好的文档记录。在与业务专家进行一些沟通后，她确定了一些可能有用的匿名数据源，然而又发现自己没有查看这些数据源的权限，无法完成对这些数据源的访问请求。IT 服务台不理解为什么有人想分析存储在数据仓库之外的数据，但经过一番解释后，她获得了访问权限。

最后这位数据科学家在本地处理数据样本，因为这是她唯一可以访问的分析环境。由于缺乏元数据和数据治理，她花费了相当多的时间来识别数据项含义、清洗测试数据并重新格式化日期和时间字段。最终，她建立了一个优秀的预测性流失模型，产品负责人对能准确识别有流失风险的客户感到兴奋，并热衷于测试主动保留客户的策略。

该模型若要用起来，就需要在一个更强大的机器上每天运行，使用最少的手动干预，并把建议结果自动输出给 CRM 系统。数据科学家意识到，该模型需要在数据中心的内部虚拟机上运行，因此需要向 IT 部门请求资源。IT 服务台不理解为什么有人希望在服务器上运行一个实验性的非操作应用程序，但在经过升级汇报后同意将请求添加到他们的工作清单中。

三个月后，服务器配置好了，数据科学家兴奋地访问了这台机器，但发现无法安装她需要的语言和库，是安全协议阻断了互联网访问。她要求安装 R 编程语言以及她需要的库和工具。IT 服务台不了解该软件，也不能理解为什么这个"应用程序"不能使用其他开发人员使用的语言，即 Java、JavaScript 或 C++。经过几个月的进一步升级和调研，IT 服务台确定 R 编程语言和库没有安全威胁，并同意安装。

这位数据科学家现在可以配置连接并安全访问她需要的内部系统了，但在模型构建过程中，她意识到需要请求另一个库，所以又一次向 IT 服务台提出请求，几周后，她有了自己的库。项目最终效果显著，大家有目共睹，业务干系人很高兴能够通过续约激励来留住目标客户，从而减少了客户流失，增加了收入。

终于每个人都同意将实验开发模型转移到由数据工程团队维护的生产化运行版本。开发模型代码是对个人计算机代码的提升和转换，需要重构以供运行使用。数据工程团队不喜欢生产中的 R 代码，所以决定用 Python 重新编码。他们要求安装 Python 编程语言以及他们所需要的包和工具。IT 服务台不了解该软件，也无法理解为什么"应用程序"没有使用其他开发人员使用的 Java、JavaScript、C++或 R 语言来编写。

此后就是一个接一个的障碍，一个接一个的延迟，这意味着大量的数据分析仍然在本地机器上，或者影子 IT 出现。个人计算机分析和影子 IT 之所以不受欢迎，有两个原因。首先，它们鼓励糟糕的开发实践；其次，工作没有以对消费者有获得感的方式结束。人们还是更愿意做他们自己的工作，所以解决办法似乎比原始控制试图防止的问题更加糟糕。

总结

在本章中，我们识别到了试图解决的问题。数据湖与数据科学虽然取得了重大成就，但也有大量证据表明，许多组织在数据科学方面的投资并未产生预期的回报率，其核心原因是知识差距、过时的数据管理和分析方法，以及组织内缺乏对数据分析的支持。

数据科学团队过于关注算法，而不是他们需要的端到端技能（如与利益相关者的协作和软件开发最佳实践）来生产数据产品并获得反馈。由于数据科学是一个相对较新的领域，IT 部门不理解数据科学与常规软件开发的区别，以及提高多样性、准确性和大量数据的重要性。组织孤岛将数据供应链分割成部门孤岛，并给需要高效数据管道的数据科学家带来了不必要的摩擦。

数据科学家必须自己克服障碍，发现数据、访问数据、清洗数据，并在没有专门支持的情况下去获得计算资源和软件。人们对数据科学技术栈所需的工具、软件和支持资源的广度认识不足，导致了技术利用的效率低下。

高级领导层不了解数据科学，导致对流程和文化变革所需投资有不切实际的期望和盲点。聘请数据科学家来彰显自己是以数据为中心的组织，而高级领导却无法为数据驱动决策树立榜样。缺乏高级的数据素养会导致错误的决策和对数据科学建议的忽视。缺乏明确的目标或未找到亟待解决的问题，导致数据科学家专注于产生洞察，而不是值得称道的数据产品。下一章将开始讨论如何解决其中的一些问题。

尾注

［1］ Carlos A. Gomez-Uribe and Neil Hunt, "The Netflix Recommender System：Algorithms, Business Value, and Innovation," Advanced Computing for Machinery, January 2016. https：//dl. acm. org/citation. cfm？id=2843948

［2］ Jim Swanson, Digital Fluency：An Intelligent Approach to A. I. , April 2018. https：//monsanto. com/news-stories/articles/digital-fluency-intelligent-approach/

［3］ Clinically applicable deep learning for diagnosis and referral in retinal disease, Nature, September 2018. www. nature. com/articles/s41591-018-0107-6. epdf

［4］ Revenues for Big Data and Business Analytics Solutions Forecast to Reach ＄260 Billion in 2022, Led by the Banking and Manufacturing Industries, According to IDC, August 2018. www. idc. com/getdoc. jsp？containerId=prUS44215218

［5］ LinkedIn's 2017 U. S. Emerging Jobs Report, December 2017. https：//economicgraph. linkedin. com/research/LinkedIns- 2017-US-Emerging-Jobs-Report

［6］ Data Science Platforms Help Companies Turn DataInto Business Value, A Forrester Consulting Thought Leadership Paper Commissioned By DataScience, December 2016. https：//cdn2. hubspot. net/hubfs/532045/Forrester-white-paper-data- science-platforms-deliver-value. pdf

［7］ Nick Heudecker, Gartner, November 2017. https：//twitter. com/nheudecker/status/928720268662530048

［8］ The Figure Eight 2018 Data Scientist Report, July 2018. www. figure-eight. com/figure-eight-2018-data-scientist-report/

［9］ CrowdFlower 2015 Data Scientist Report https：//visit. figure-eight. com/rs/416-ZBE-142/images/Crowdflower_ Data_ Scientist_Survey2015. pdf

［10］ The State of Data Science & Machine Learning, Kaggle, 2017 www. kaggle. com/surveys/2017

［11］ Gregory Piatetsky, "CRISP-DM, still the top methodology for analytics, data mining, or data science pro-jects," KDnuggets, October 2014. www. kdnuggets. com/2014/10/crisp-dm-top-methodology-analytics-data-mining-data-science-projects. html

［12］ What is the Team Data Science Process, Microsoft, October 2017 https：//docs. microsoft. com/en-us/azure/ machine-learning/team-data-science-process/overview

［13］ The Fortune Knowledge Group, "ONLY HUMAN：The Emotional Logic of Business Decisions," June 2014 www. gyro. com/onlyhuman/gyro-only-human. pdf

［14］ NewVantage Partners, Big data Executive Survey, 2017. http：//newvantage. com/wp-content/uploads/2017/ 01/Big-Data-Executive-Survey-2017-Executive-Summary. pdf

［15］ Spencer Soper, "Amazon′s Clever Machines Are Moving From the Warehouse to Headquarters," Bloomberg, June 2018 www. bloomberg. com/news/articles/2018-06-13/amazon-s-clever-machines-are-moving-from-the-warehouse-to-headquarters

［16］ Jeff Hale, "The Most in Demand Skills for Data Scientists," Towards Data Science, October 2018 https：// towardsdatascience. com/the-most-in-demand-skills-for-data-scientists-4a4a8db896db

［17］ On Earnings Calls, Big Data Is Out. Execs Have AI On The Brain, November 2017 www. cbinsights. com/re-search/artificial-intelligence-earnings-calls/

［18］ Kashmir Hill, How Target FiguredOut A Teen Girl Was Pregnant Before Her Father Did, Forbes, February 2012 www. forbes. com/sites/kashmirhill/2012/02/16/how-target-figured-out-a-teen-girl-was-pregnant-before-her-father-did/#6b47b6496668

［19］ Drake Baer, 13 qualities Google looks for in job candidates, Business Insider, April 2015 http：//uk. businessin-sider. com/what-google-looks-for-in-employees-2015-4

第 2 章

数 据 战 略

如前所述，在塑造数据驱动型组织的过程中，存在诸多可能导致投资失败的问题。为了避免成为加特纳（Gartner）或弗雷斯特（Forrester）报告中关于数据分析低回报率统计数据的一部分，每个组织都需要明确自己的解决方案。然而，在深入了解细节并提供具体战术之前，最好先从企业视角进行观察，从数据战略开始。

DataOps 为数字化转型奠定基础，它应该是一个经过深思熟虑的数据战略的一部分。实际上，所有希望实现数据共享或数据分析的组织都需要数据战略，唯一的不同是战略的深度和业务的复杂性。初创型组织的数据战略可能不需要类似跨国公司那样的细节和广度，但它仍应该定义一种为未来做准备的方法。

我们为什么需要新的数据战略

战略规划作为一个顶层设计文件，往往因为定义不够清晰而导致无法深入人心，这些文件包含出发点良好的任务陈述、矩阵图和宏大愿景，但在实践过程中相关人员往往会忽略这些文件。然而，如果没有适当的战略，就存在持续被动灭火的风险，实施不协调的战术解决方案，导致资源错位和投资浪费，错失机遇，或者更糟糕的是，战略变得无关紧要。一个好的战略可以使组织积极主动，协调一致，明确哪些是需要解决的问题，哪些是不需要关注的问题，以及应该采取哪些行动来为未来的机遇做好准备。

制定一个好的战略需要了解自己的定位、目标以及实现这些目标的计划。同样重要的是，要理解为什么需要一种新的数据战略来进行分析。这种战略有别于 IT 战略，甚至有别于侧重于治理的传统数据战略。

数据已不再属于 IT

故事要从第一台计算机出现的时代说起。首批数字计算机的用户中有一些是电话公司，它们是数据使用演变的一个例子。早期的计算机（如 LEO III）被电话公司用来计算账单[1]。计算很简单，所需要的数据包括通话时间、持续时间和被叫号码，以及一份费率清单。一旦计算完成并产生账单，数据就不再具有任何价值，存储在磁盘或磁带上的数据就可以安全地存档或销毁。

微型计算机是第二个时代、通过内部网络连接的个人计算机是第三个时代，计算机技术取得了进步，但基本原理仍保持不变。计算机和存储依然相对昂贵，尽管各类管理信息系统（MIS）开始提供报表，但它们仍然主要用于库存管理等运营任务。因此，IT 开发应用程序非常严格，一方面要防止浪费计算资源，另一方面要制定防错操作流程，因为库存控制、订单和账单等重要任务出错是不可接受的。甚至在启动开发之前，人们就非常关注系统架构、解决方案和需求分析、系统设计、代码重用性和文档。对系统访问操作有严格的控制措施，因为意外的更改很有可能是灾难性的。数据共享仅限于具有特定业务流程的应用程序，但一旦完成这些流程，数据仍然没有什么价值。

在企业计算的第四个时代，数据开始越来越多地用于分析目的，这极大地刺激了数据仓库的普及。然而，数据仓库的开发仍然遵循过去的原则。数据仓库被视为一个操作型系统，通过大规模预先设计（BDUF）来满足特定需求、变更请求的开发周期很长，访问也受到限制。相比处理数据的逻辑和执行数据逻辑的系统，IT 部门传统上认为数据是次要的。

20 世纪 60 年代的电话公司也会从固定电话的使用过程中获取数据，但与现代电信公司相比，这些数据相对较少。电信公司获取的数据包括宽带使用情况、移动电话用户的位置、有线电视观众的观看习惯、网站上的点击数据、客户与 CRM 系统的互动、商店中的库存水平、工程师的位置、社交媒体上的评论以及数百个其他数据项。

电信公司内部的不同系统以多种格式序列化和持久化数据（将数据转换为可存储或可传输格式），其中一些是结构化表格数据，但更多的是机器生成的半结构化格式数据（如 JSON、XML）及非结构化文本、音频和视频。用于数据存储和计算的物理资源（磁盘、内存）现在非常便宜，因此电信公司将数据分布存储在多个数据存储库中，如事务存储、运营数据存储、文件系统、SaaS 和数据仓库等。

电信公司只有一小部分数据进入数据仓库和数据集市中。许多团队需要跨多个系统共享和组合数据，才能完成多种复杂的分析操作，如欺诈检测、财务建模、产品优先级划分、营销有效性分析、交叉销售建模、客户终身价值建模、监管反馈、产品亲和力分析、产品需求预测、A/B 测试、队列分析、情绪分析、客户流失分析等。

数据是用于分析决策的关键资产，在账单发送等业务操作流程完成后很长一段时间内依然具有巨大的价值，可以分析输出驱动多个使用场景的业务决策，如营销组合、网络规划、促销、定价、网站/应用程序优化、劳动力规划、财务预测、产品主张等。

在大多数情况下，分析结果不需要完美，只需达到可接受的水平。对于那些不熟悉数据科学的人来说，很难理解和接受这种"不够完美"的输出。

不要低估正在发生的重大变革，数据现在不再只是 IT 应用程序的输入和副产品，它还是一种极其珍贵的生产要素。数据科学和数据分析是当下竞争的必要条件。数据科学做得好或不好可能体现在企业是否因此迅速崛起或者衰落，引用海明威《太阳照常升起》中迈克的话："逐渐地，然后突然"破产。

正如任何生产要素在最终成为产品之前都要加工和改进一样，数据也是如此。数据量、种类、准确性和更新频率等复杂性促使了大数据处理技术的发展。分析方法和使用场景的多样性要求数据的使用更加灵活和敏捷。20 世纪时系统和代码优先的理念已不再适合以数据为中心的世界，而是需要一种将数据视为资产和生产要素的新理念。

数据战略的范围

数据的来源、类型和使用场景众多，这意味着制定战略的第一步是定义战略的范围。战略范围不能太窄，因为要将分析数据需求与操作应用程序隔离并不容易。由于战略必须以数据为中心，所以数据生命周期及其运行所需的人员、流程和技术构成了数据战略范围的自然基础。

数据生命周期是数据从产生（数据生成或采集）到消亡（归档和删除）所经历的阶段。虽然几乎所有数据管理人员都同意以上数据生命周期的起点和终点，但不幸的是，他们并没有对这两个阶段之间的过程达成共识。欧洲数据门户（the European Data Portal）定义了 4 个阶段：收集、准备、发布和维护[2]。马尔科姆·奇泽姆（Malcolm Chisholm）的定义得到了更广泛的引用，他把数据生命周期定义为 7 个阶段：数据采集、数据维护、数据整合、数据使用、数据发布、数据存档和数据销毁[3]。理解数据治理需要范例，数据战略也需要一个概念模型，数据生命周期包含以下阶段是有必要的。

- 采集。组织数据物化的第一步。数据可以从外部来源获取、由用户输入或由机器生成。
- 存储。一旦采集完成，数据就会以文件、数据库或内存等不同的结构、模型和格式进行保存。
- 处理。数据在其生命周期过程中进行处理。为满足下一阶段可用的目标，数据将经历 ETL、清洗和丰富等处理过程。
- 交换共享。存储的数据需要在系统之间共享或集成，以便有效使用。共享不仅包括操作系统生成的事务性数据，还包括中间分析结果和一次性提取的数据。
- 使用。数据的价值来自对数据的细化和应用案例的实现，使用的形式包括简单的数据共享或描述性、诊断性、预测性和规范性分析的输出，输出结果的使用者可以是组织的内部或外部相关方。
- 生命终结。无论是由于监管要求、成本增加还是价值下降，数据最终都将进入退役流程。该过程从数据存档开始，直到数据清除（永久删除数据）结束。

必须要明白，数据生命周期在采集和生命终结之间的各个阶段不是线性的，这也是人们以多种方式定义数据的原因之一。图 2-1 显示了数据生命周期的各个阶段以及它们之间的数据流。

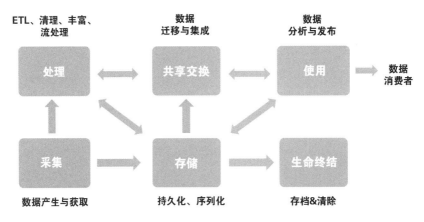

图 2-1 数据生命周期的各个阶段

数据可以在这些阶段之间多次循环流动。例如，循环可以是存储、共享、处理、存储、使用、共享和重用等。数据也不必经过每一个阶段。数据战略的目的不是告诉我们如何采集、存储、共享、处理或使用数据，而是得出如何更好地优化数据流转的路径。

战略时间跨度

理想情况下，数据战略与组织战略的时间跨度需要同步。然而也有例外。如果战略规划时间少于两年，该战略将过于注重短期目标，而且会被动处理一些事情。在如此短的时间内对人员、流程和技术进行有效改进也要困难得多。等待战略期结束后再复盘战略执行是否运行良好或失败的严重程度如何，是一种糟糕的战略管理办法，因此必须定期进行战略执行情况度量和评审。

评审是一个机会，可以改变组织交付目标的方式，重新确定目标的优先级，或者及时调整方向。尽管如此，数据战略的高层目标不应该因为浪费工时而被频繁削减和更改。然而，较低级别的战术计划可能会经常更改。因此，如果评审结果表明有必要修改，则数据战略应促进较低级别的快速变化。例如，评审结果表明个别目标过于短期化或进展不理想。超过 5 年的战略时间跨度将导致对未来技术、分析和业务变化预测的不确定性，从而导致中途可能改变目标、浪费精力和增加资源。

战略发起人

数据战略不是算法、流行词、IT 项目、技术或应用、存储中的数据收集、部门或团队、项目或手段。数据战略是组织范围内的一组目标，通过高效的流程将数据资源转化为帮助组织完成其使命的结果。

数据战略要想在整个组织范围内取得成功，就需要有影响力的高级管理层支持，这些支持最好是来自首席数据官、首席信息官或首席分析官。其发起人必须是认可组织需要数据驱动的人。他们还必须具有影响力和权威性，以获得数据生命周期中所有团队的承诺和参与。至关重要的是，他们还必须能够吸引数据的业务用户并获得用户的输入。发起人可以把一些日常活动委托于他人，但他们必须对战略的总体执行效果负责，领导定期审查，帮助消除障碍，并沟通最新情况。

从识别现状开始

制定数据战略可以采用多种不同的方式和方法。数据战略的制定过程和输出必须直观明了，只有这样才能有机会成功实施。如果不能和环境有机结合，任何战略都无法达到目标。当了解组织、客户、合作伙伴所需的能力以及趋势时，有关数据战略和后续行动的决策将变得更加容易，风险也更低。

第一步是进行场景分析（了解所处的环境），来为所要达到的目的提供信息。应该将战略规划过程中大约一半的时间用于场景分析。分析过程主要集中在五个领域：组织、人员、技术、流程和数据。数据战略必须符合整个组织计划，因此必须清楚地掌握流程及其驱动因素。数据战略还需要理解人员，不仅仅是与数据生命周期一致的人力资源，还包括数据的内部客户和利益相关者。数据战略的开发还需要深入了解跨数据生命周期部署的技术和流程。最后一步是深入研究贯穿整个数据生命周期的数据资产。这些步骤并不是线性的，它们可以并行或按某种顺序完成。

还有两个维度可以添加到场景分析中。环境现状识别不能局限于内部环境分析，还必须包括外部环境。世界并不是一个波士顿咨询集团（BCG）的二维矩阵，甚至也不是三维的。世界存在于四维或更高维空间中。数据战略还必须考虑时间趋势。

注意：在进行场景分析时，不要预先提出解决方案和目标，这一点至关重要。因为场景分析的目的是制定更加稳健和可持续的计划，而不是直接输出计划。第一次进行场景分析可能需要时间，但不要放弃。场景分析将在每次迭代中变得更加容易。

组织方面

可以进行问题驱动的场景分析。一些问题的答案可能很容易作为组织其他战略推演或报告的产出存在，有时候可以从业务专家那里收集意见来回答具体场景下的问题。至少需要知道：

- 组织的使命、价值观和愿景是什么？
- 组织的战略目标和战略范围是什么？组织的关键绩效指标是什么，趋势是什么？

- 在产品易用性和范围、价格、分销、营销、服务或流程方面，组织的优势、劣势和明显的竞争优势是什么？谁是主要的竞争对手，他们如何竞争？

- 其产品组合表现如何（按产品/市场细分），如何发展，增长策略是什么？

- 使用差异分析，当业务部门的结果与规定的目标不同时，根本原因是什么？这些问题的出现是因为缺少技术支持、错误的组织结构和系统设计，还是另有原因？

- 产品的客户是谁？他们与理想的客户有何不同？客户的需求是什么，如何满足他们？未来客户的需求是什么，如何识别？客户如何找到我们，他们与我们打交道的痛点是什么？如何不断改善与客户的关系？他们是否忠诚，是否快乐，如何看待我们？

- 需要考虑哪些政治、经济、社会、技术和环境方面的机遇和威胁？

人员方面

要了解那些杰出的商业决策者是如何使用数据分析的：

- 谁是关键领导者，他们处于数据驱动组织导入过程的哪个阶段？

- 组织中的重要利益相关者对数据分析和数据团队有什么看法？

- 哪些内部领导者更可能使用数据分析并做出数据驱动的决策？谁应该是数据分析的理想客户？

- 为什么内部消费者使用数据？他们的需求是什么，需求被满足了么，以及他们未来的需求是什么？

- 对于参与数据生命周期运营的团队来说，有必要了解角色类型和资源分配，以及如何培养技能并留住员工。

- 与现有的人才供求状况相比，组织内的工作类型和工作量是什么？针对每个角色（如数据科学家、数据工程师、商业智能开发人员或系统架构师），大致衡量分配给不同任务（如涉众管理、开发/迁移、数据清理、建模、监控、度量和报告，以及过程改进）的全职等效工作量（FTE）如何。

- 人才是否与业务目标、利益相关者和客户需求保持一致？如果不是，最显著的差距在哪里？

- 组织在支持数据生命周期的团队中如何留住和吸引人员？员工流失率是多少，为什么离职，工作满意度和敬业度是多少？组织培养数据人才的情况如何，人才的成长路径和转变点是什么？
- 是否有合适的学习和发展机会来建立新的人员能力和加强人员现有的技能？

技术方面

了解组织现有和规划中的数据技术能力至关重要：

- 数据生命周期中当前的和期望的数据架构是什么？
- 存储和处理数据的性能和容量如何？是否可以访问可伸缩的计算资源（如弹性虚拟机（EVM）、平台即服务（PaaS））或容器管理解决方案（如 Kubernetes、Mesos 或 Docker Swarm）？是否有处理流数据的能力？云存储或分布式存储等可扩展存储是否可用？在 NoSQL 数据库中存储非结构化数据或非关系型数据的能力是什么？
- 在数据生命周期的各个阶段，人们使用哪些语言和应用程序？
- 数据相关技术的最新发展和趋势是什么？
- 谁是组织的技术合作伙伴？其优点和缺点分别是什么？

流程方面

了解数据工程、数据分析和数据科学等在组织层面的流程成熟度是至关重要的：

- 数据分析项目的规划和优先级如何？计划是如何与组织的目标、利益相关者及客户需求保持一致的？
- 如何高效地处理好工作？对新机遇的反馈效率如何？分析团队自我推销的能力有多强？他们如何推动业务和客户需求的变化？
- 数据分析能力在提供数据准备、静态图表和交互式图表、网络分析、统计、机器学习、深度学习、流分析、自然语言处理和图/网络建模功能方面有多强？组织创建和验证 AI 模型的速度有多快？能接触到各种各样的算法吗？模型可以更好地理解吗？

- ETL 流程的效率如何？要进行哪些类型的数据和代码测试？调度的性能怎么样？

- 开发生命周期管理有多严格？是否存在有效的修订控制、配置管理、质量评估、发布和部署管理、操作监控、知识管理和协作？

- 跨客户接触点部署数据产品是否容易？生成和更新报告需要多长时间？开展实验的容易程度如何？更新现有数据产品的速度有多快？

- 如何彻底地评审和重新验证项目的输出和过程？多久重用现有的开发？

数据资产方面

了解组织管理数据的能力、数据对多个业务场景的可访问性，以及数据是否可以增强，是至关重要的：

- 数据治理情况如何？如何保护敏感资料及保护隐私？非敏感数据容易访问吗？是否有明确的数据所有者（最终负责数据质量的人）和数据管理专员（负责日常数据质量的人）？

- 当前数据的集成情况如何，集成新数据的难度如何？数据血缘（数据的起源、移动和处理步骤）和数据来源（数据及其源头的历史记录）能否在数据生命周期中被跟踪？能否快速地向最终用户提供数据？

- 主数据管理（管理产品、账户和客户等关键数据）的有效性如何？参考数据（事务性数据可用的一组值）维护如何？元数据的管理如何？数据易于定位和理解吗？

- 数据质量保证（发现数据中的异常并清除它们）和数据质量控制（确定数据是否满足质量目标）是否能够确保数据符合其用途？数据完整性是否得到维护（数据在整个数据生命周期中的准确性）？

- 数据是否针对适当的使用场景进行结构化和持久化（如关系模型、平面表、多维数据集、文件或流)？有流式数据处理能力吗？

- 组织是否拥有只有自己才能利用的独有数据？哪些数据应该采集/存储而暂时没有做到？有多少有用的外部数据源还没有用到？

经过场景分析后，将对自己的组织、客户、合作伙伴和能力有一个非常好的理解。有了对于组织当前所处的位置和未来发展方向的认知，就可以决定符合预期的数据分析路径如何安排，并为数据战略设定现实的目标。下一步就是确定实现数据分析的未来路径。

识别分析用例

通常情况下，数据战略的讨论始于"我们的 AI 战略是什么？"或者"我们的大数据战略是什么？"，这些问题与改进组织毫无关系。数据战略必须与公司的使命、愿景、战略和关键绩效指标（KPI）保持一致，才能发挥作用。一个组织的目标通常从使命到愿景，再到财务目标、部门目标，最后到团队的特定目标（如社交媒体目标或销售目标）。

使命、愿景和 KPI

使命宣言是组织的总体目标。它定义了组织为客户做了什么，如何奖励所有者，以及如何激励员工。这也可以证明企业的社会责任。

愿景声明是抱负性的，侧重于组织希望实现或成为的目标，这通常是在战略规划期结束之时或之后。组织经常以标题的形式来书写自己的愿景。

使命和愿景指导组织的战略和 KPI，它们贯穿于数据战略之中。尽早调整意味着避免被迫选择可能性较低的选项。调整面临的一个小挑战是，组织在战略管理和目标衡量方面存在差异。

组织管理战略最常见的方式是平衡计分卡战略地图。记分卡包含多个战略目标和针对目标的 KPI，以度量的形式跟踪目标，以及旨在实现这些目标的项目计划。战略目标被划分为不同的视角，通常针对财务、学习和成长、客户和过程结果方面的改进。与目标相关的 KPI 包括收入、市场份额、利润、净推荐值、新产品的推出、员工满意度、缺陷率、临床结果、犯罪率和研发情况等。

数字化公司通常使用的另一种策略是 OKR（目标和关键结果）。OKR 是英特尔发明的一种目标管理系统，在谷歌"我们将实现以关键结果作为衡量目标"的形式推广开来。OKR 目标是对组织所要实现目标（如增加客户终身价值）的宏伟、令人难忘且激励人心的描述。

关键结果是衡量目标的进展和成功指标。它们是基于价值的结果，而不是基于活动的输出（影响的事情，而不是做的事情）。每个目标通常有 2~5 个关键结果。例如，将月流失率从 3% 降低到 1%，将平均订阅规模从 99 美元提高到 149 美元，将年续签率从 60% 提高到 75%。OKR 通常有一个很短的季度节奏，所以非常敏捷，同时具有战术性。OKR 可以在层次结构的不同级别上以不同的节奏运行，通常在组织级别上是一年，在团队或活动级别上是一个季度或更短。

数据战略必须与组织的战略目的和目标紧密结合，无论创建这些目的和目标的系统是平衡计分卡、OKR、SMART（具体、可测量、可实现、相关和有时间限制），还是其他形式。组织的分析活动必须支持组织的使命、愿景、目的和目标，而数据战略必须使这些分析活动的交付尽可能高效且治理良好。

构思——我们能做些什么？

为潜在的业务案例准备多个备选方案进行数据分析，对于理解要进行的变革和确保数据战略符合目标至关重要。虽然不可能知道组织在未来可能使用的所有分析方式，但在制定现实案例时，仍然有必要尽可能地详尽。在这个阶段，可选项数量比精度更加重要。

通过数据分析帮助组织成功的四种主要方式都要涵盖：新产品创造、更好的客户体验、提高运营效率和数据发布（其中包括数据变现），在此过程中确保考虑了最广泛的可选项。为了帮助产生潜在的分析计划，还要考虑四种不同类型的数据分析：描述性分析、诊断性分析、预测性分析和规范性分析，如图 2-2 所示。

尽管数据战略必须支持各种类型的数据分析场景，但最大的价值来自于自动化的预测性分析。假设某企业有一个减少因欺诈而造成财务损失的 KPI，那么，描述性分析可以用于汇总数据并生成报表或报告，以便展示关于历史欺诈程度的信息；诊断性分析可以帮助发现数据中的模式和关系，从而深入了解欺诈发生的原因；预测性分析可以辅助预测客户或交易过程中存在欺诈性财务损失的可能性；规范性分析可以推荐最佳决策，以最大限度地降低欺诈损失。可选择操作包括拒绝交易或客户申请、请求进一步信息或动态更改报价。

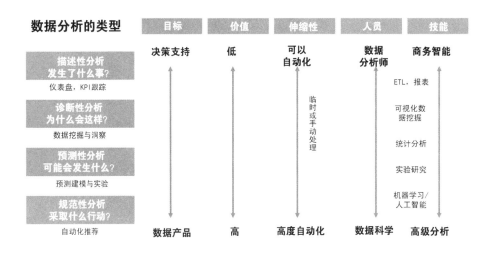

图 2-2　数据分析类型

相比其他形式，预测性分析具备了实时和大规模操作的可能性，将其自动化具有更大的价值。自动化的预测性分析也可以排除依赖直觉的决策而带来相当大的好处。然而，它也是最复杂的分析形式，因为它需要基础设施来实时产生决策，需要实验和监控框架来衡量决策的影响，需要机器学习模型来做出预测，还需要一个高效的数据供应链，为机器学习模型训练和评分过程提供大量优质和多样化的数据。

潜在的分析计划应该以简洁的形式进行描述，例如通过使用数据和技术交付分析计划来实现战略目标或 KPI，从而有利于分析计划的推进。一个现实的例子是"为了满足组织降低成本的目标，提供维护预测解决方案（使用来自机器传感器的数据和机器学习的模型），减少计划外停机成本 1000 万美元。"重新考虑战略目标和 KPI，确保与组织的大目标保持一致。

对潜在利益的量化可以确保在计划和成本之间进行权衡。理想情况下，应该通过历史上类似行动或小实验的结果来预估收益。如果无法实现，也可使用业务专业知识和外部可用数据进行预估。然而，仅仅预估收益是不够的，计划活动必须具备可度量性才能正式推出，甚至考虑。随着计划的交付和对结果的度量，相关数据可以用于更新效益评估，提高效益预测的准确性，产生更好的想法，以及通过构建-度量-学习的过程调整优先级。

数据生命周期的基准能力

在定义战略时，一个常见的陷阱是将战略决策和战术决策混为一谈。战略决策是长期的，调整起来很难，而战术决策是短期的，且改变成本很低。故不准确的机器学习模型可以以相对较低的成本修复或抛弃，但不纠正糟糕的数据质量则是一个战略错误，会导致糟糕的决策和缺乏创新而带来更大的损害。

人们常常沉迷于日常琐事中，以至于他们忽略了重要事务或长期目标的设定。"为产品推荐建立一个机器学习模型"，这不是一个五年战略，而是一种短期的战术策略。"改进我们采集、存储、处理和共享数据的方式，使其速度提高 10 倍，有助于创建可以在客户接触点使用输出的机器学习模型，进而提高销售额和留存率"就是一项战略决策。对战略问题应用战术解决方案（一种称为战略漂移的现象）可能会暂时掩盖漏洞，但不会修复根本问题或提高数据生命周期的有效性。

到此为止，已经了解了自己组织的背景和一组潜在分析举措。现在，这些知识必须有助于确定数据生命周期所需的战略变更，以便可以快速、大规模地可靠交付。

差距分析——需要改变什么？

为了识别组织内数据生命周期的战略变革，必须确定每个数据单元的当前能力，与交付潜在分析计划应具备的能力之间的差距。这种比较能够确定生命周期每个阶段需要做出的战略决策，以及更好地支持人员、过程和技术高效交付分析计划所需的改进。前面进行的场景分析旨在简化此过程。

针对每个分析计划，在数据生命周期中一个阶段一个阶段地进行反向传递，与每个数据单元当前的运行情况相比，以更好地理解需求。例如，一个既有实体店又有网店的零售商，其分析计划之一可能是"为了实现组织的收入目标，提供一个产品推荐解决方案，在机器学习模型中使用客户、交易和产品数据，将每个客户的消费额从 250 美元提升到 275 美元。"企业的目标是通过对与客户相关的产品进行个性化促销来增加收入。

在数据生命周期的使用阶段，数据科学家需要通过机器学习模型将多个来源的数据组合成数据产品。数据科学家需要在具有大量内存的高速计算机上使用 Python 来构建模型。当客户通过 API 登录并识别时，组织需要向网站和移动应用实时提供推荐的产品信息。零售商还需要通过批处理文件的方式给出相同的推荐建议，可用于他们的电子邮件和直邮营销系统。数据科学家需要在生产环境中调度、部署和监控模型。分析师需要使用 BI 工具创建报表来跟踪结果。然而，尽管数据科学家目前可以在自己的个人计算机上开发模型，但硬件配置是瓶颈，而且模型部署也需要深度依赖其他团队。

在数据生命周期的共享阶段，数据需要从多个系统传输到一个系统中，最好以数据科学家需要的格式（如结构化数据的文本文件）进行。数据科学家希望从多个来源获得数据，这样可能会提高模型的准确性。他们还需要识别数据的位置和内容。不幸的是，数据科学家只能访问两个独立的数据仓库，其中包含了注册网站和应用程序的匿名客户，以及零售忠诚度计划客户的交易数据。两个数据仓库的开发是独立的，并且客户的详细信息是匿名的，因此没有有效或简单的方法来连接它们。还有其他可能有帮助的数据源，比如全面的产品详细信息、产品评审数据和营销活动数据，但这些数据源无法访问，或缺少元数据及业务术语表信息，因此无法了解这些数据表示什么。

在数据生命周期的处理阶段，数据需要通过一系列步骤尽快地从一个状态移动到另一个状态。数据科学家需要数据工程师构建从数据源到目标系统的 ETL 管道，以便创建和运行模型并获得度量数据。在处理过程中，需要将数据转换为所需的格式，对数据进行清理，以及屏蔽或删除敏感数据。目前，还没有资源来构建数据科学家需要的自动 ETL 管道，因此，他们必须手动从数据仓库和数据集市中查询、提取和组合所需的数据。数据分析师需要生成报告，但数据仓库中的汇总计数与源业务系统中的直接计数不匹配，没有跟踪数据仓库中数据血缘的能力，就不可能解释其差异。

在数据生命周期的存储阶段，数据在文件或数据库存储中处于静止状态。数据科学家需要格式化的业务事件数据，即带有时间戳、业务名称、事件类型，以及触发事件状态更改的详细信息。他们对许多类型的事件感兴趣，如新客户注册、网站访问、点击、电子邮件查看和销售交易。可以应用多种技术对事件数据进行粒度非常细的分析，以及重建客户在过去任何时间点的状态的"时间旅程"的能力。不幸的是，数据科学家的主要数据源（数据仓库）只包含聚合和汇总的数据，一些原始事件数据存在于 JSON 格式的归档文件中，但数据科学家无法快速加载和分析 NoSQL 数据库中的数据。

在采集阶段，数据科学家需要额外的数据。例如，在向客户推荐产品时，他们需要采集新的用户行为事件数据，以便进行推荐效果度量。还有一些潜在有用的外部数据源，如地域人口数据，可以用于增强内部数据，让模型更准确。遗憾的是，目前新数据采集需要漫长的软件开发周期（SDLC），而且相比相同资源的竞争项目，新数据的价值更难以量化。

对所有分析计划（或至少所有具有足够预估效益的计划）重复这个过程，确保没有遗漏任何差距。在演练结束时，应该很好地理解了数据生命周期每个阶段的理想需求，以及与当前能力的差距。

定义数据战略目标——我们需要从哪里开始？

随着对需求和当前能力的更好理解，组织可以开始考虑制定数据战略的目标。首先，回溯一遍整个数据生命周期，确定每个阶段的数据战略目标，尽可能多地消除已知的差距。

每个组织都有其特定的优势和劣势。第 1 章中强调了各个组织面临的常见数据分析挑战，如数据质量差、无法访问的数据、缺乏可扩展的计算资源、技能差距、糟糕的元数据管理、无法使用合适的软件，以及难以将数据产品投入生产。下面的内容不是一份全面的指南，而是基于上一节零售商示例的拓展，展示了数据生命周期各个阶段的典型目标。

数据生命周期采集阶段的目标是尽可能轻松地获取新数据，使其在生命周期的其余阶段能够随心使用。零售商必须考虑获取额外数据的短期成本和长期收益。开发人员需要对数据分析如何使用这些数据给予同等的重视，就像他们为达到业务运营目标所做的一样。为完成订单而产生的这些数据可能只被业务系统使用一次，但在分析场景中，这些数据可能会在多年中使用数百次。

存储阶段的目标是在存储位置、格式和存储解决方案中尽多地保存可能有用的数据，用于处理、共享和使用阶段。零售商不能仅仅依赖传统的关系型数据库管理系统（RDBMS）构建数据仓库，也需要存储原始的非结构化、半结构化和结构化数据，以支持多种分析场景，包括深度学习和自然语言处理等。零售商也不希望在存储数据（写入时的模式）时将自己限定在固定的数据结构中，相反，他们需要在使用时决定如何使用数据（读出时的模式）。零售商需要保护数据隐私，只有有权访问敏感数据的人和系统才能执行这些操作。

零售商在数据生命周期处理阶段的目标是尽可能高效地处理数据流或存储各种类型的数据，以产生可共享使用的稳定输出。零售商需要将数据处理引擎与存储分离开来，这样就可以处理多种格式的原始数据，如二进制、CSV、JSON、混合格式等。原始数据需要尽快转化为生产数据，而且必须有高水平的数据质量保证，以及让数据消费者跟踪数据血缘的能力。

共享阶段的目标是让用户和系统之间的数据共享像开发人员之间的代码共享一样简单。零售商希望摆脱"数据烟囱"，并能够集成来自多个数据源的数据。

零售商在数据生命周期使用阶段的目标是确保有合适的硬件和软件资源来组合数据，为其特定的分析活动创建数据产品，部署生产环境，以及实现监控功能。零售商需要在几分钟或几秒内提供弹性的计算、存储、网络、API 和其他基础设施资源，而不是像现在一样需要花费几周或几个月的时间。

在数据生命周期结束阶段的目标是尽可能地保存数据，而不是通过人为的容量限制来约束它，并且任何归档数据都要易于检索。零售商还要遵守所有限制数据保留期限的法规，包括数据主体删除其数据的权利。

为数据生命周期的每个阶段设定数据战略目标，可以让每个人都更容易地知道他们应该做什么，而不是以完美但严苛的端到端架构和数据管理流程作为目标。图 2-3 显示了组织战略和数据战略之间的一致性，以及为数据战略制定目标的步骤。

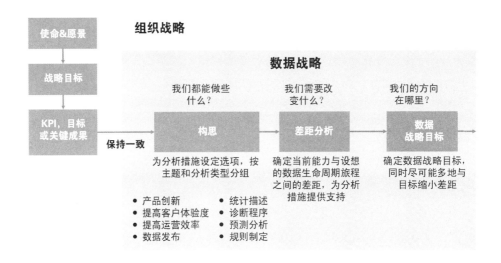

图 2-3　数据战略目标的建立要和组织战略保持一致

交付数据战略

数据战略能够确保组织设置了正确的目标，但要朝着正确的方向前进并达到这些目标，就需要一份数据战略举措路线图，以缩小现有能力水平和未来期望之间的差距。每个战略举措都是一个把资源集中用于实现战略目标的项目。

定义数据战略举措——我们如何实现目标？

为数据生命周期各阶段定义的数据战略目标都需要创建多个数据战略举措（实现目标的操作）。有些数据战略举措是短期的，有些是长期的，还有一些是系列举措中的某个阶段。下面是零售商示例中数据战略举措的解释说明。

为了实现数据生命周期采集阶段的目标，数据战略举措之一是，确保开发人员首先保障数据分析需求。该举措要求开发人员在考虑项目结项之前要获得分析人员认可，最好使用事务数据格式采集数据，并遵循已定义的命名、格式和值表示标准。另一项数据战略举措涉及获取外部数据，以加强内部数据。

对于数据生命周期存储阶段的目标，数据战略举措包括在云存储中以原始格式创建原始数据的源存档。Hadoop 不再是一个合适的解决方案，因为它只是用一个技术烟囱代替了多个数据烟囱。云存储很便宜，不仅可以通过报表工具和 SQL 查询访问，还可以通过编程访问，能够尽可能多地连接到各种工具上。除了源存档之外，还有一个数据战略举措，即在云上创建一个集中的分析数据仓库，该仓库将来自多个现有源的结构化和半结构化数据集成起来。数据治理战略举措通过系统或用户角色来限制对敏感数据的访问，而不会让用户也无法访问其他数据。

为了实现数据生命周期处理阶段的目标，创建数据战略举措，以提高数据质量，并使用户能够跟踪数据血缘和来源。其他战略举措包括实现变更数据采集（CDC），跟踪遗留数据仓库上的插入、更新和删除操作，这样就可以在云上快速更新数据，而不需要缓慢地批量复制数据。将分析迁移到云可以将数据存储与计算分离，这样零售商就可以动态扩展 ETL 处理，以更好地应对业务季节性波动。

为了实现数据生命周期共享阶段的目标，零售商要有数据管理的战略举措，创建元数据管理解决方案、实现主数据管理解决方案，并生成数据目录，从而更容易地发现和集成数据。在云计算中，数据战略举措是在集中的数据仓库上开发公共的分析操作逻辑，使得组织中的多个用户可以重用相同的逻辑，而无须重新创建自己的逻辑。

还要制定一个数据战略举措，为数据科学家、数据分析师和数据工程师组成的分析团队提供自助服务能力，以实现数据生命周期中各阶段的使用目标。该措施允许分析团队访问一系列云服务，包括计算和存储服务，数据采集、数据处理和数据准备工具。数据科学家还将获得软件工具和库，以开发可重用的数据产品，并可以独立地进行计划、部署和监控。

到目前为止，战略举措集中在数据生命周期的各个阶段，但目的不是创建分散的项目和解决方案。每个数据生命周期的阶段目标都是消除阻碍和瓶颈，从而有利于其他阶段或组织目标。由数据战略发起者推动的定期审查、透明计划和开放沟通可以降低一叶障目的风险，然而，仍然需要进一步的项目来支持整个数据生命周期。整个数据生命周期中的流程、技术和人员应与战略计划保持一致。

零售商需要新的技能来支持数据战略。成功的数据治理需要数据管理专员和数据所有者，数据科学家需要软件开发技能，数据工程师则需要云计算技能。要有一项培训内部人员或聘请外部人员的数据战略举措来满足这些新需求。为了简化和便于横向拉通，可以将数据生命周期中的各职能团队重组并转移到首席数据官（CDO）的统一领导下。

零售商需要更改流程，以提高数据在其生命周期中的流转速度、规模和可靠性。一项数据战略举措是，为负责性能和可用性的团队建立服务级别协议；还有一项是向数据科学家和数据工程师介绍敏捷软件开发方法。

技术方面的战略举措是创建一个战略架构，将分析迁移到云，并停止使用遗留的"内部"硬件。虽然最初将数据迁移到云的工作量很大，涉及数据复制，且会由于额外的数据传输而带来延迟，但其优点大于成本。云为零售商提供了一个单一的平台来管理易于扩展的服务，并提供了未来保障。因为随着业务场景复杂性的增加，它可以使用额外的功能。长期来看，随着零售商将更多的运营工作负载迁移到云，延迟和数据复制的问题会变得越来越少。零售商的工具策略要确保技术选择过程优先考虑到数据战略目标和各项措施的需求。

制定执行和度量计划——如何知道进度？

随着数据战略目标和措施的制定，组织需要创建一个实际的执行计划来交付战略并度量交付结果。图 2-4 总结了数据战略的计划、执行和度量步骤。

对于如何交付数据战略执行计划，有多种选择。组织可以制定传统的瀑布式项目计划，在早期就如何实现目标达成一致，预先收集需求，从而加快未来的批准过程，便于进度跟踪，以及按早期设计更容易地集成组件。这种方法的缺点是早期的需求收集和反馈可能很少，很容易花费大量时间开发一个不适用的解决方案。更糟糕的是，依赖于瀑布式交付的分析工作，在项目最终完成之前系统始终无法启动。

交付执行计划的首选方法是采用迭代、有时间限制的敏捷交付方法。人员、资金和时间都是有限的，总是需要分清优先级。通过在每一个时间段中交付完整的功能，组织可以持续根据当前能力开展最有价值的分析工作。在不同的时间段之间重新调整优先级的能力，意味着人们总是优先处理最有价值的数据战略举措，而不是采用"要么全有要么全无"的方式工作。例如，在早期阶段提高数据质量和数据集成，可以更好地利用有限的资源，有助于多个分析项目的开展，而不是将资源投入到深度学习的狭隘应用能力建设中。

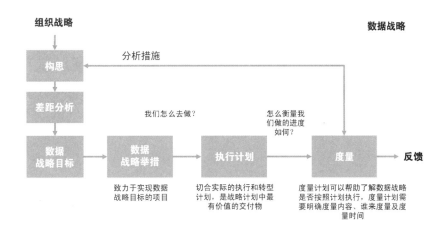

图 2-4　数据战略的计划、执行和度量步骤

随着数据生命周期的改进，组织可以规划更先进的数据战略和分析措施，并对已经投入生产的产品进行迭代。然而，重要的是务实，而不是使用教条式的方法。在某些情况下，不可能实现完全的敏捷。例如，在交付开发平台或与外部供应商合作时，利益相关者的参与有限，可能会导致生命周期后期的绩效不佳，因此，这种情况需要采用瀑布模式来规划一些事项。

组织的某些战略举措未能兑现，一个常见原因是，没有投入足够的时间、资金或人员来完成规划的措施。除日常工作外，团队还应为战略举措提供资源。反过来说，日常运营计划必须纳入战略工作中。必须留出足够的资源来实施该战略，否则就是一纸空文。应尽快制定实际的资源分配和财务预算方案，以了解对工作量的影响和要做的权衡。如果资金紧张，组织可能需要调整各项措施执行的顺序，优先考虑那些迁移遗留软件等节省成本的措施。

"文化能把战略当早餐吃掉！"这句话通常被误认为是彼得·德鲁克（Peter Drucker）说的。无论是真是假，这都是一个重要的提醒，单靠好的战略无法取得成功。长征路上需要有人同行，达成新数据战略所需要的诸多变革，比如在使用数据之前不必格式化、转换和适配到关系模型的想法，都是对传统方法的根本性转变，需要广泛沟通。执行计划的一部分是数据战略沟通计划，用于解释、协调和激励那些因改变而受到影响的同事。除了沟通计划之外，数据战略发起者还需要确保个人目标和激励措施与数据战略的价值观度量保持一致。

除了执行计划之外，还必须有一个度量计划，以了解数据战略是否按照既定计划在执行。度量计划应该使用组织当前采用的框架，如平衡计分卡、OKR、KPI。度量必须是价值导向型的，而不是基于活动的产出，否则就会出现不顾效益而花费时间和精力来交付项目的诱惑。度量标准必须包括对速度和敏捷性的度量，以及质量、可用性和可靠性服务级别的度量。度量计划不应该仅指定度量什么，还应该指定谁进行度量、何时进行度量，以及如果战略执行远远落后或超前于目标，该怎么办。

等到数据战略周期结束后再衡量和调整数据战略的目标和措施就为时已晚。应每月或每季度回顾战略举措，每年回顾战略目标。每年年底的评审结果将提交到下一轮的场景分析中，以确保设定可行的目标和具体指标。

数据战略目标和措施的目的是通过数据分析获取价值，来实现组织的整体目标。因此，还需要跟踪分析项目的价值，以了解它们的回报和数据战略举措的回报。制定一个适当的度量计划，来揭示哪些是有效的，哪些是无效的，这样可以起到减少资源浪费、持续优化战略的作用。

度量计划中要有三类结果循环反馈：快速、中等、慢速。快速反馈循环提供从主动性分析活动中学习的机会；中等反馈循环提供从数据战略举措中学习的机会；最后，慢速反馈循环提供关于数据甚至组织战略目标的学习机会。每个反馈循环都有助于提升组织在不同时间段内实现目标的效率。

前面已经介绍了开发有效数据战略所需的所有内容。数据战略一定要与组织目标一致，制定过程要有稳定的场景分析作为支持，图 2-5 显示了创建数据战略的单次迭代包含的所有步骤。

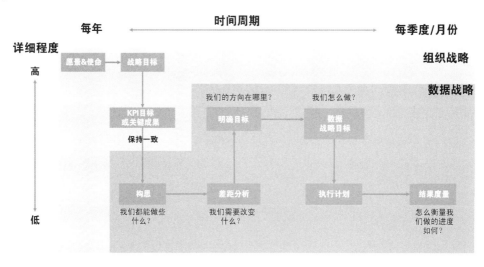

图 2-5　数据战略的制定步骤要与组织目标保持一致

采用这种方法制定的数据战略可适应业务战略、客户需求、技术和法规的变化。方法本身与组织类型、行业或数据分析成熟度等因素无关。

总结

本章描述了如何制定符合现代数据分析需求的数据战略,这远远超出了对数据操作用途或简单数据管理的传统关注范围。现在的数据分析需求和应用程序开发(IT 的历史领域)需求一样多。计划周密、执行良好的数据战略确保组织采取的行动能够最大限度地提高分析或数据共享能力,以更好地完成其未来使命。

数据战略的开发以端到端数据生命周期为中心,需要足够的管理层支持和认可,才能实现管理变革。要确保数据战略带来组织的使命、愿景、目标、优势、劣势,以及外部运行环境相一致的结果,全面的态势感知能力至关重要。场境分析还能帮助我们了解需要做出哪些改变才能有效地提供潜在的分析方案,数据生命周期每个阶段的现状和期望能力之间的差距有助于确定数据战略目标。

为了实现数据战略目标,应通过多个数据战略举措来推动数据生命周期各阶段以及整个生命周期内的技术、人员和流程改进。理想情况下,数据战略计划应该使用敏捷方法来交付,这样可以确保在每个时间段都能获得增量收益,而不是像瀑布式项目那样等待在未来某个日期交付。沟通计划以及个人目标与数据战略的一致性也必须构成执行计划的一部分。数据战略是否走上正轨,还需要一个基于价值的结果度量计划,并通过定期度量和审查,不断调整和优化数据战略。

这种战略开发方法可以适应组织喜欢使用的任何形式。最重要的结果是,组织将拥有一个清晰一致的战略计划,以改进数据生命周期交付效率,帮助组织通过数据分析实现其目标。想要实现成功的数据科学与分析,相关问题不能通过战术类方案解决,数据战略必须是起点。下一章将从精益思维开始,探讨 DataOps 方法如何成功实现数据战略的诸多目标。

尾注

[1] LEO III completed in 1961, Centre for computing history www. computinghistory. org. uk/det/6164/LEO-III-completed- in-1961/

[2] Putting in place an Open Data lifecycle, European Data Portal www. europeandataportal. eu/en/providing-data/goldbook/putting-place-open-data-lifecycle

[3] Malcolm Chisholm, "7 Phases of A Data Life Cycle," Information Management, July 2015 www. information-management. com/news/7-phases-of-a-data-life-cycle

2

第2部分

迈向数据运营

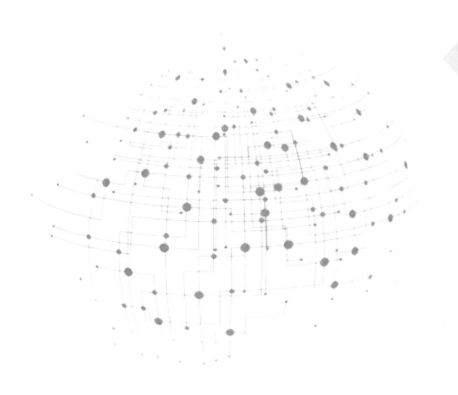

第 3 章

精 益 思 维

数据科学中出现的很多问题都是由浪费导致的。有些浪费现象是明显的，比如等待数据和配置系统，或者花很多精力和时间清理数据。然而，有的时候浪费现象不是那么显而易见，比如，浪费昂贵的、难以招聘的数据人才，或者为错误的利益相关者做错误的事情。

浪费也存在于制造运营、供应链和产品开发中。这些领域成功地采用了一种理念，即精益思维，以尽可能多地消除浪费、提高质量并加速上市。精益思维使我们能够通过研究数据分析和数据科学活动，来查看现有组织流程无意中产生的浪费。

精益思维简介

20 世纪初期，在美拉尼西亚、新几内亚和西太平洋其他区域，出现了一种现象，叫"货物崇拜"。土著部落第一次接触到西方商品，如收音机、衣服、罐头食品和枪支，由于不了解产品的制造过程，部落成员相信，如果他们模仿外国人带来"货物"的仪式，他们也可以获得货物。这些人不遗余力地模仿外来者的行为，建造简易机场和控制塔，点亮假跑道和灯塔，用木头制作耳机、收音机，甚至飞机，并举行携带枪支的阅兵演习。

显而易见，大多数货物崇拜的结果都因未能交付货物而失败。这些崇拜行为告诉我们，在不了解基本原理的情况下，盲目复制仪式和实践不会带来好的结果。精益思维是一种具有价值观和原则的哲学（或心态）。正确应用精益思维需要理解这种哲学在日本的起源。

丰田的起源

如今，丰田已超越通用汽车成为世界上最大的汽车制造商，后者在 2009 年之前连续 77 年蝉联榜首。丰田汽车公司从丰田自动织机厂的一个部门发展到今天占据主导地位，其间的道路并不平坦。丰田早年的业务很曲折，1950 年濒临破产，一家银行财团拯救了它，条件是解雇多余的工人。丰田汽车公司的创始人丰田喜一郎（Kiichiro Toyoda）为了规避裁员，在面临劳工动荡的情况下辞去了总裁一职。

尽管丰田喜一郎离开时丰田处境艰难，但他在位时所做的努力为未来的成功奠定了基础。丰田喜一郎希望丰田"追上美国"，当时美国的汽车业在世界上占主导地位。然而，日本的生产规模只是美国的很小一部分，所以通过大规模生产模式复制底特律的规模经济并不是好的选择。丰田喜一郎需要找到不同的途径来缩小生产力和成本的差距。通过研究亨利·福特（Henry Ford）的生产和管理系统，特别是传送带系统，他发明了一种方法，可以让丰田在未来几十年保持领先优势，即"即时化生产"（Just-In-Time，JIT）。

JIT 包括只在需要时制作所需的东西，消除库存，同时提升处理多样化产品构建复杂性所需的能力。JIT 与当时关于高效制造过程应该如何运作的信念背道而驰。例如，亨利·福特利用传送带系统批量生产尽可能多的汽车，以降低单位成本和销售价格，而不考虑市场需求。他有句名言是"……顾客可以拥有……任何颜色的汽车，只要它是黑色的。"这句格言绝对不符合 JIT 理念。

大野耐一（Taiichi Ohno）是一位才华横溢的工程师，1943 年从丰田的姊妹公司转到丰田汽车公司。他继续丰田喜一郎"追上美国"的挑战，通过实验过程逐步发展出了丰田生产系统（Toyota Production System，TPS）。大野耐一利用对其他公司的观察结果和他在机器车间工作的经验，找到了截然不同的生产组织方式，以实现 JIT 流程。

丰田的自动织机设计为在检测到断线时会自动关闭，这个概念被扩展到丰田的"停止线"：如果发现缺陷，任何工人都可以停止生产线。在美国，停止生产线会导致操作员被解雇，但在丰田，这是一种使问题高度可见，从而利于调查和预防的机制。大野耐一研究了美国 Piggly Wiggly 杂货店处理库存的方式，即根据可视的库存补充信号通过重新订购来进行补货。这项研究促进了丰田拉动式生产的成型，其中每个过程只从上一个过程中提取它需要的材料，然后只产生它需要生产的东西。拉动式系统与传统的推进式系统形成了鲜明对比，后者是根据未来预测的需求而不是实际消费需求来生产产品。

作为一名曾经的车间经理，大野耐一会让没有经验的经理去现场，并使用五问法（"5 whys"）进行根因分析来解决问题。丰田的创始人丰田佐吉（Sakichi Toyoda）设计了这种方法。它包括五次"为什么"的提问，以找到问题的根源和阻止问题再次发生的解决方案。丰田喜一郎将库存视为死钱，而大野耐一更进一步。他积极减少库存以暴露潜在的浪费，如客户不会购买的库存、无法跟踪库存的分销系统，以及备用生产以弥补流程引入的缺陷等。

大野耐一认为丰田生产系统远不止是零库存的生产系统，在《丰田生产系统：超越大规模生产》[1]一书中，大野耐一将 TPS 称为绝对消除浪费的系统。他定义了七种形式的浪费，称为 Muda（日语中的"无用"），这些浪费从客户下订单到丰田收到货款之间没有增加任何价值。七种浪费如下：

- 过量生产。最主要的浪费是生产过多或过早。它是由于大批量生产和交货时间长造成的，并会导致材料的不规则流动。它也是其他形式浪费的主要原因。
- 等待。由于等待造成的材料、组件和时间的浪费。
- 搬运。将物料从一个位置移动到另外一个位置进行加工，但没有增加产品的价值。
- 过度加工。做超出客户要求的工作，或者使用比实际需要更昂贵或更复杂的工具，从而导致更高的成本和不必要的资产使用。
- 多余动作。一些不增加产品价值的没有必要的人或者设备的行为会浪费时间和精力。
- 库存。由于等待和生产过剩造成的在制品（Work in Progress，WIP）和成品储存被称为库存，过多的库存会占用资金、增加管理成本或增加丢失的可能性，同时库存也是隐藏缺陷流程的罪魁祸首。
- 生产缺陷。由于生产缺陷导致的维修、返工或报废都会消耗资源、导致延误并影响业务。

TPS 还确定了其他两种需要消除的浪费形式，Mura（日语）是指一种不规则或不均衡性，将导致工作流程中的不均衡，进而导致工人赶工或等待。Muri（日语）是指不合理，它要求工人和机器以不可持续的速度工作，以满足最后期限或目标。

虽然 TPS 涵盖了生产运营，但丰田还是专门开发了一种独特的产品开发方法。丰田产品开发系统不同于 TPS，它侧重于比竞争对手更快地创建新车型所需的流程、人员和工具。丰田通常会在短短 15 个月内设计出一款新车，这与 24 个月的行业平均水平相比非常有优势。James Morgan 和 Jeffrey Liker 在《丰田产品开发系统：整合人员、流程与技术》[2] 一书中明确了丰田产品开发系统的 13 项管理原则。一些基本原则如下：

- 基于集合的并行工程。丰田并没有基于单一的设计来提早改进，而是预先开始开发过程并同时探索多个选项，通过逐步缩小设计空间来收敛于最优解。这一过程意味着尽可能长时间地保留选项，并在最后可能的时刻做出决定。

- 系统设计由总工程师负责。总工程师在产品开发过程中既是项目负责人又是高级工程师，负责产品的商业成功，并确保功能开发团队成功地将他们的工作集成到项目中。总工程师应充分了解客户需求以及产品从概念到生产所需的系统级设计。

- 培养专家工程师。丰田致力于培养专家工程师，使其掌握领域专业知识。在加入开发团队担任特定角色之前，他们需要深入学习自己的领域。

- 学习和持续改进。丰田在每个项目结束后会安排三个两小时的会议进行复盘，以分析如何改进流程和促进个人成长。

- 通过简单的视觉交流保持一致。组织内部的沟通应尽可能简单。丰田使用多种可视化工具来沟通和解决问题，比如模板化的 A3 报告（以纸张大小命名）和团队看板等。

　　TPS 的实施最初在丰田内部也曾遇到阻力，但到 20 世纪 60 年代中期，它使该公司明显领先于日产（其主要国内竞争对手）。然而，TPS 在丰田之外仍然被忽视，直到 20 世纪 70 年代，经济放缓促使其他日本制造企业成功地复制其模式。

　　到了 20 世纪 80 年代初，美国和欧洲汽车制造商、消费电子公司和计算机制造商面临着来自日本的更便宜、更可靠和设计更好的产品的巨大竞争压力，许多公司濒临倒闭。作为回应，西方企业在 20 世纪 80 年代争先恐后地实施提质增效举措，如六西格玛、全面质量管理（TQM）以及 TPS 的变体。丰田产品开发系统在丰田内部被视为竞争优势的源泉，但很久之后才被其他公司复制，直到 20 世纪 90 年代，它才开始影响其他公司开发产品的方式。

精益软件开发

1990 年出版的《改变世界的机器》[3] 一书将丰田生产系统（通常称为 JIT 生产）命名为精益生产。精益思维变得越来越流行，并开始超出制造业的范畴，推广为精益供应链、精益订单处理、精益医疗、精益航空公司（低成本航空公司），以及与数据分析高度相关的精益软件开发。

20 世纪 80 年代初，玛丽·帕彭迪克（Mary Poppendieck）是一家美国录像带制造厂的过程控制程序员，当时该公司市场份额被日本竞争对手大幅侵蚀，于是公司决定复制日本的 JIT 方法以继续经营。由于没有国内顾问提供支持，所以他们是通过"边做边学"的方式来实施的，直到成功为止。

玛丽接着继续采用精益方法管理工厂的 IT 部门，将其应用到了产品开发上。离开工厂后，她领导了一个政府 IT 项目，并第一次接触到瀑布方法，这让她感到震惊。2003 年，玛丽·帕彭迪克决定与她的丈夫汤姆一起写本书来反驳管理软件项目的传统观念，将瀑布方法的平庸产出与她以前的成功形成鲜明对比。这本《精益软件开发：敏捷工具包》[4] 通过解决软件开发成功率低的问题立即取得巨大成功。

玛丽和汤姆意识到，尽管存在一些差异，但软件开发过程类似于制造业产品开发和丰田产品开发系统。最显著的区别在于，与车辆不同，软件不仅开发一次，而且预计在其生命周期中会多次修改。因此，易于更改是重中之重。

从丰田产品开发系统中积累的经验同样适用于频繁变化的产品，因为它对新产品开发采取了经验进化的方法。最初的普锐斯产品概念并没有明确规定车辆尺寸或混合动力发动机，而只是规定了燃油经济性目标和宽敞的客舱要求。直到开发周期的后期，开发团队才选择了从研究实验室新鲜出炉的混合动力发动机，如果遵循传统的车辆开发方法，这是不可能做到的。帕彭迪克夫妇认为软件开发也应该追求进化的经验过程，这是应对频繁变化的最佳方式。基于丰田产品开发系统和丰田生产系统，帕彭迪克夫妇开发了精益软件开发的七大原则。

原则一是消除浪费。对于丰田来说，在客户下订单和公司收到现金之间的阶段，没有增加价值的步骤都被视为浪费。在软件开发中，收到客户需求（如新产品功能）时开始计时，部署更新的软件以满足需求时停止计时。软件开发浪费有多种形式，包括部分完成的工作、构建客户没有要求的功能、项目之间的多任务处理、等待他人审查和批准、需要修复的缺陷、需要遵循的多余流程或由于开发团队成员和经理不在同一地点而进行的过多差旅。

原则二是内建质量。根据丰田的方法,有两种类型的质量检查。首先,在缺陷发生后检查缺陷;其次,在过程中检查(控制变量),即在制造产品时控制缺陷。为了实现高质量,首先要设计尽量少产生错误的流程,从而减少缺陷检查。如果无法及早消除错误,则应在小工艺步骤后立即对产品进行检查,以免造成缺陷传递。发现缺陷时应立即停止生产线,以便找到原因并立即修复。精益软件开发人员可采取测试驱动开发(Test-Driven Development,TDD)方法,在编写代码之前编写单元和验收测试,并尽可能频繁地集成代码和测试。如果代码未通过测试,则不添加任何新代码,而是回滚更改并修复问题。

原则三是创建知识库。丰田产品开发系统旨在生成和整合尽可能多的知识。工程师们应该安排时间进行学习和持续改善;尽可能简单地沟通,并与同事一起工作,以加快沟通和决策。软件开发是一个知识创造过程,知识创造发生在开发过程和客户反馈中。精益软件开发人员将从其他开发人员那里获得的知识编成代码,以便根据未来产品的需要提取信息。精益组织还会开发知识以改进开发过程本身。开发团队应留出时间进行实验和流程改进。

原则四是推迟决策。丰田使用基于集合的并行工程来尝试多个选项,在必须做出决定之前,让选项保持充分开放。尽早地制定详细计划并不被视为正确的做法,大野耐一认为,不根据实际情况改变计划的企业是没有竞争力的。因此,精益软件开发人员不应花费大量时间去收集详细的需求来提前几个月创建细致的设计。他们的目标应该是根据不断变化的业务需求和客户反馈做出可逆的决策,如果不可能,则使用他们在该点获得的所有信息,在最后某个时刻制定不可逆决策的时间表。

原则五是快速交付。从 1996 年 9 月董事会正式批准产品模型设计到 1997 年 12 月开始大规模生产普锐斯,丰田仅用了 15 个月的时间。那时候在美国开发新车型的标准速度是 5~6 年。像丰田一样,精益组织不认为速度和质量是相互排斥的。精益软件开发人员并没有放慢速度以保持谨慎,而是不断改进他们的流程,以提高质量和可靠添加重要功能的能力。如果不消除大量浪费,就不可能提高质量和可靠性。精益开发人员的敏捷性和减少浪费为组织带来了产品成本和上市速度方面的优势。

原则六是尊重个体。在丰田产品开发系统中,从事工作的个体有权为自己做出决定。团队实现目标的过程中应该具有自组织性,致力于在特定领域发展深厚的技术专长,并由具有创业精神的总工程师领导,由他创造愿景、设定时间表并进行决策权衡。精益组织相信改进流程的最佳创意来自现场。在软件开发中,完成日常工作的人是专家,而他们的经理是无法做到的。一线员工在改进工作方法方面拥有最佳的视角,而管理人员则更擅长培训团队,确保员工拥有成功所需的资源并建立系统以保持工作流畅。精益软件开发团队是具有深厚领域知识的小型跨职能团队，负责将产品从假设到发布的所有过程，然后自主开展持续改进。

原则七是整体优化。即使系统的某些部分是次优的，丰田也要小心翼翼地确保整个系统的工作流程是最优的。在磁带厂实施 JIT 时，玛丽·帕彭迪克也发现了这一与直觉不符的经验。以前，工厂充分利用最昂贵的机械，以最大限度地提高投资回报率，结果导致库存增加。实施 JIT 后，尽管最昂贵的机器有一些闲置产能，但库存消失了，整个工厂的总效率反而提高了。软件开发也充满了负反馈循环，添加新功能会导致测试人员工作过载，从而延迟缺陷的暴露。延迟测试只会让开发人员添加更多的缺陷，这意味着测试人员需要做更多的工作。因此，问题就像滚雪球。精益组织的目标是全局优化系统整体，如果在其他地方存在更严重的瓶颈，则浪费时间优化某个局部流程是没有意义的。优化整体似乎是常识，但某些团队在其孤岛环境中进行独立流程改进，可能会给下游团队带来额外的工作量压力，反而没有增加总产能。

丰田生产系统专注于流动经济而非规模经济，与自亨利·福特时代以来提升制造效率的传统经验背道而驰。同样，帕彭迪克夫妇提供新软件产品的想法与发布软件的传统做法也完全不同。精益软件开发运动对塑造现代敏捷软件开发方法产生了巨大影响，将在下一章中对此进行讨论。

精益产品开发

根据埃里克·里斯（Eric Ries）在 2011 年出版的《精益创业》[5]（*The Lean Startup*）一书提出的理念，在过去十年中，另一项精益运动对产品开发产生了同样重大的影响。这些概念几乎适用于各种规模和行业新的内外部产品或服务的开发和组织。尽管埃里克·里斯在书中发起的运动被称为精益创业或精益产品开发，但其中还是结合了其他领域的想法。埃里克·里斯将软件开发和产品开发的精益思维，与企业家史蒂夫·布兰克（Steve Blank）的概念和设计思维结合在一起，创造了一种适合在不确定条件下开发产品的方法。

直到现在，很多初创公司和软件开发都还在遵循相同的模式，将想法或需求转化为成品。这些初创公司从一个创意开始，花费数月来构建和完善"完美"产品，而开发人员则花费数月时间收集需求、构建详细设计、编码和测试"完美"版本。准备好后，初创公司会将其产品发布给预期的公众，但公众往往并不买账，因为产品没有满足他们的需求。

同样，软件开发人员部署软件后，用户可能拒绝使用，因为几个月前收集的需求不再适合当前用户的需求。在这两种情况下，失败都源于一种传统的信念，即软件产品在发布给客户之前必须是完美和完整的。这种传统观念主要考虑了昂贵的计算资源和开发人员，以及频繁进行软件变更的相关困难（和成本）。这些成本和限制中，许多已经不再存在。精益思维认为，如果可以交付更好的产品，那么为创建更好的开发过程而付出的努力是值得的。

初创公司失败的原因可能是创始人的想法建立在不正确的假设之上。花费数月时间基于未经检验的假设来构建产品或功能是浪费时间。埃里克·里斯认为，初创公司最大限度地提高成功概率的方法是使用科学方法。当面临新服务或产品不确定是否能成功时，与其放弃所有流程并采取"直接去做"的方法，不如使用一种方法来持续验证设想。

埃里克·里斯倡导精益创业方法论，这是一套快速发现创新的商业模式或产品是否可行的方法，如果可行，则在较短的开发周期内对其进行迭代改进，其出发点是相信每一个新产品都是回答"需要开发这个产品吗？"这个问题的假设，而不是回答"这项产品能开发出来吗？"埃里克·里斯的方法论基于一组核心概念和原则、经证实的认知、开发-测量-认知的循环、最小可行产品（Minimum Viable Product，MVP）、拆分测试、可操作的指标和转型。

如果每个创业公司都是一个实验，那么通过经证实的认知尽早测试其基本假设是很重要的。经证实的认知是通过评估客户的假设以验证想法而产生的进展。经证实的认知的第一阶段是创建 MVP，以尽快从客户那里收集对初始假设的最大量反馈，从中可以得出客户是否重视这个想法，并为在一系列开发-测量-认知的循环中测试和完善进一步假设提供基础。每组认知都应该产生用于改进产品的新想法。

验证假设的最佳方法是从概念中构建一个特征，运行拆分测试实验来衡量添加它的因果关系，并从度量指标中学习。度量指标必须是可操作的，即与目标保持一致并有助于决策。可操作指标的示例包括每位客户的收入、重复购买率和交易量。与可操作指标相反的是虚荣指标。尽管让人感觉良好，但它们既不能帮助你实现目标，也不能帮助你做出决策。开展一项昂贵的营销活动，衡量网站访问量或社交媒体关注度的增加，并不会告诉你在类似活动上花费更多是否会产生更高的盈利能力或导致破产。

在实验的某个时刻，开发-测量-认知循环提供的优化达到了收益递减点，此时客户反馈指标无法验证初始假设。在这一点上，初创公司需要决定是否接受这种情况，或者是否相信自己可以重新构思产品。测试新的方向和假设被称为转型，转型不是承认失败，坚持一个客户不重视的想法才是失败的。许多知名公司都曾成功转型，比如，任天堂在发展电子游戏和游戏机之前，曾做过纸牌制造商、吸尘器制造商、方便米饭制造商、出租车公司等。

精益思维和数据分析

数据分析和数据科学既具有生产系统的特征，也具有产品开发系统的特征。从最初采集到被消费者使用的数据流类似于原材料通过制造过程创建成品的流程。与产品开发类似的不仅仅是最终输出产品的开发（如仪表板或机器学习模型），中间加工阶段也应被视为产品而不是项目的一部分。项目有终点，而产品（希望）在更换或冗余之前有很长的保质期。ETL管道、数据清理和数据丰富等例行处理任务通常会运行很长时间，即使它们必须随时间变化。

源自制造、软件开发和初创公司的精益原则与数据分析和数据科学高度相关，其出发点是在创建数据分析解决方案时停止考虑独立的技术和功能层，转而考虑数据流。图 3-1 显示了满足用例的生产数据流，与第 1 章展示的横向硬件和软件层次图的传统视图相反。

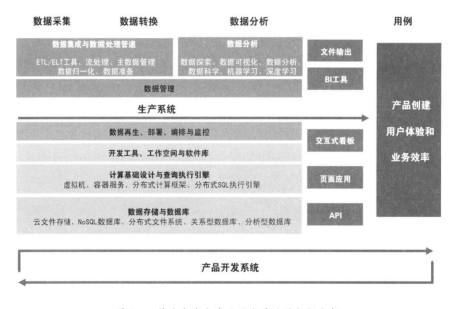

图 3-1　作为生产和产品开发系统的数据分析

识别浪费

大多数团队都忙于交付输出或维护系统，以至于无法停下来思考他们如何以及为什么按照这种方式工作。组织很乐意将科学方法应用于数据使用或产品开发，但很少用它来改进其活动。他们被动地接受有一种"在这里做事的方式"。在数据科学与分析中，仔细观察就会发现很多浪费，帕彭迪克夫妇定义的以下七种浪费可用于发现和消除这些浪费。

半成品是第一种浪费。它相当于制造过程中的库存，无益于组织做出决策或改善客户体验。数据分析很复杂，但不考虑可解释性或向利益相关者清楚地解释解决方案，可能会导致很多不必要的延迟。半成品的其他例子包括数据工程师或数据科学家尚未开始的已记录的需求、未经测试的代码和数据管道、未经监控的管道或模型、需要从一种语言重新编码到另一种语言（如 R 到 Python）的工作，并且未能跟踪数据产品的收益。

然而，最大的浪费是那些没有真正投入生产的工作。例如，有些工作成果在数据科学家的计算机上停滞不前，因为它们不适合整个应用程序（或代码库），或者业务从不考虑使用它们，而是用直觉来做出决定。技术成果再出色，如果从未使用过，就没有任何功劳。它们要么被利用，要么就是浪费。

多余功能与制造业中的过量生产相对应，如果它们不能帮助数据消费者做出决策，就是严重的浪费。数据产品中的附加特性不应与数据特性混淆，数据特性是观测数据的独立角度。多余功能的例子包括仪表板上不可操作的图表和指标、未使用的数据源或无法帮助业务解决问题的数据采集。多余功能有时是利益相关者要求的结果，因为他们不知道自己需要什么；有时是数据团队成员想要尝试的炫酷功能，而不是问题导向的结果。除非有明确和紧迫的需要，否则应该强烈反对添加新功能。开发应该从最小可行产品（MVP）开始，之后可以根据需要迭代添加新功能。

多余的过程会导致不必要的成本，而不会创造价值。此类浪费种类繁多，包括在整个组织的多个数据存储中复制数据和转换，在简单算法可以完成工作的情况下使用复杂的算法，或者因为知识没有被获取和重用而开发重复任务。由于缺乏配置管理（数据产品开发过程中对源代码、软件、数据和其他资产的管理）而导致的不可重用的工作，是缺乏经验的数据科学团队浪费时间的又一个主要原因。编写定制代码来创建系统连接器和管理 ETL 管道而不使用现成的工具，是数据工程团队工作的一种浪费。正如我的一位前经理曾经说过的，"文档就像糖，有总比没有好。"然而，过多的官僚主义也可能是一件坏事。创建无人查看的文档、制定无法遵守的详细项目计划和估算，以及提供决策者不使用的状态更新，都是多余的过程浪费。

数据分析和数据工程是复杂的学科，需要高度聚焦和专注来解决问题。当从一项任务转移到另一项任务时，多任务处理会带来高昂的切换成本，并浪费时间。美国心理学会的研究表明，即使是由上下文切换引起的短暂思维阻隔，也可能花费一个人高达 40% 的生产时间[6]。

多任务处理也浪费了工作的潜在早期产出。詹姆斯·沃马克（James Womack）和丹尼尔·琼斯（Daniel Jones）通过模拟邮寄十份时事通讯来说明这种影响。邮寄每份时事通讯需要四个步骤：折叠纸张、将纸张放入信封、密封信封和在信封上盖章。并行处理每份时事通讯包括在进行下一个操作之前按顺序执行一个操作（折叠、插入、密封或盖章）十次，如果每个操作需要 10 秒，那么第一个时事通讯将在 310 秒后完成。但是，如果按顺序处理时事通讯，第一个时事通讯将在 40 秒后完成，之后每 40 秒完成另外一个，不仅首份时事通讯的制作速度更快，而且纸张折叠、信封尺寸、封口信封和邮票方面的任何问题都能更早地被发现。因此，应该每时每刻专注于尽可能少的任务，以发现问题并尽早交付工作[7]。

等待人员、数据和系统是数据分析过程中产生浪费的一大原因，相应的例子包括查找和理解数据、等待批准、等待分配人员、等待软件和系统调配、等待数据可用以及等待作业在慢速机器上运行。

在职能分开和位置分散的团队之间过度移动会导致交接和传递的浪费。每次交接（从一个团队或团队成员交给另一个团队或团队成员的任务）都会丢失数据的隐性知识，这些很难在文档中获取。如果每次交接后只保留了一半的知识，那么在四次交接后就只能保留原有理解的 6.25%。知识转移采用面对面的讨论和互动最有效，靠传递去完成会产生对话障碍，并且会在一年中增加几天的浪费。

第七个浪费是缺陷。在数据分析中，正确定义问题是相当困难的。很多错误的问题，通常是由于沟通不畅和期望不一致导致被认为是有缺陷的工作。数据以及代码都可能存在错误，而且，低质量的数据是数据科学家遇到的第一大挑战。数据和代码中的缺陷会导致浪费精力寻找和修复问题。在不良数据之上编写的代码只是一种垃圾输入、垃圾输出的情况。因此，应该尽快发现数据中的所有缺陷，发现问题越晚，修复成本就越高，尤其是当客户发现问题时。数据工程师应该准备一组防错测试，这样低质量的数据就不会进入数据管道。每当发现新的缺陷时，就停止生产线，修复问题，并添加新的测试，这样错误就不会再次引起问题。

通常在前面七项浪费的基础上加上第八项浪费，叫作未充分利用人才。随着数据收集、数据存储、计算和软件成本的急剧下降，人才是数据分析过程中最昂贵和最有价值的资源。所以，最大限度地发挥他们的才能应该是最重要的。优秀的数据分析师、数据科学家和数据工程师很难找到，而且招聘成本很高，但他们的技能经常被浪费。这些人常常缺乏培训和指导，被安排完成低于其能力和资格水平的报表或数据清理等任务，不参与决策过程，甚至不被授权自助访问系统和数据。

价值流图

精益思维工具封装了精益思维的价值观和原则。许多工具始于制造业，但同样适用于数据分析。价值流图是一种用于在流程中对浪费进行可视化的精益工具。它首先将相似的工作分组在一起（例如，构建仪表板或创建机器学习模型），并为每个组选择一个典型的项目。

水平时间线是从客户的角度绘制的，从识别需求（或提交请求时）开始，到数据产品投入生产结束。在时间线上，绘制端到端流程中涉及的重要步骤，但不要过多细节。在水平时间线上方绘制增加价值的活动，下方绘制浪费活动。图 3-2 显示的是为第 1 章中介绍的客户流失预测模型绘制的价值流图。

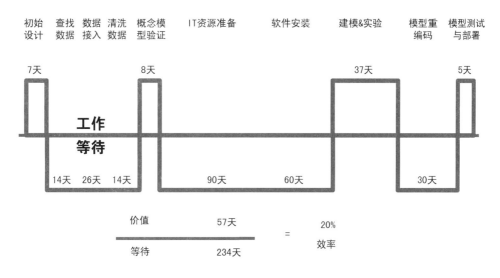

图 3-2　客户流失预测模型的价值流图

价值流图回答了两个问题。首先，创建一个数据产品需要多长时间？其次，增加价值操作所花费的时间比例是多少？这种附加值被称为流程循环效率。如图 3-2 所示，从数据科学家收到初始请求到以 20% 的流程循环效率将模型部署到生产中，总共用了 291 天。查看整体情况有助于识别必要的延迟以及浪费的延迟。并不是所有的等待都是浪费。客户流失模型还需要利用部分客户生产测试一个月以衡量收益情况。

具有讽刺意味的是，业务利益相关者想要尽快获得结果，他们通常不愿意等待统计上可靠的实验结果。但是，在剩余流程可避免的等待中，他们反而更有耐心。除了要求通过客户流失模型来提高客户保留率的利益相关者之外，所有参与的团队可能都没有意识到等待浪费了多少时间。数据团队忙于并行处理多项其他任务，在高产和高效的错误印象下工作。通常，没有单一的价值流所有者，因此将其中的浪费可视化可以更容易地说服每个参与者，某些事情需要改变。

价值流图还可以用来衡量生产数据流从采集到使用的流程循环效率，可通过该图标识每个数据单元经过数据生命周期时等待数据供应和处理所产生的浪费。通常，在不同团队拥有的系统之间进行切换时就会发生延迟。

快速交付

第一次做价值流映射时，你肯定会觉得可以行动得更快，学到的东西就更多，取得的结果也更好。在传统的组织中，快速交付意味着走捷径，要求团队通过加班到深夜和周末工作来表现勤奋。但从长远来看，这样做会积累问题并导致"交付缓慢"，因为所有的倦怠、应付和捷径最终都表现为过程中的时间延迟。代码和数据缺陷会增加延迟，技术负债让变更管理变得缓慢，流程中太多任务会形成队列，进一步减缓流程。

在战后时期将日本产品从劣质仿制品转变为市场领先的优质商品方面，美国统计学家爱德华·戴明具有重大影响力。因为戴明在日本引入了统计过程控制（SPC），它能够监控过程并及早发现重大变化，防止出现更大的问题。戴明还让日本管理人员将生产过程视为一个从供应到客户的系统，需要持续改进。

戴明表示，系统具有固定的最大容量和质量潜力，所以不能在没有任何负面后果的情况下通过系统推动更多。一厢情愿、恐惧和经济激励无法改变系统的最大能力，只有改进系统本身才能产生积极的影响。精益思维中的工具和措施、周期时间及排队理论，可以帮助改进系统并使团队更快地交付。

由于浪费表现为时间延迟，量化性能的最佳方法是测量端到端的平均周期时间。对于数据产品开发，就是从确认需求或提交请求到所有开发活动的生产部署；对于生产数据流，则是从数据采集到数据生命周期中所有数据单元的首次使用。一个组织根据数据做出正确决策的速度越快，就能越好地满足客户需求。

排队等待的数学研究就是排队理论，它是运筹学的一个重要分支，使用先进的分析方法做出商业决策。由于数据产品开发和生产数据流在端到端流程中涉及队列,故排队理论可以帮助我们减少从开始工作到结束流程所需的平均周期时间。

排队理论告诉我们,均匀的到达率、较小的稳定处理时间、限制低于容量的利用率、减少队列中的项目数量以及多个服务器能够让具有固定能力的系统平均循环时间较短。新数据产品开发的请求和新数据的采集往往都是突发的,我们可以将请求保留在待办事项中,并稳定地将它们发布给执行工作的团队。并行化处理是通过水平扩展计算资源或算法来均匀地处理新采集的数据,这相当于给一条生产线添加多个人工服务器。

工作规模的变化会对周期时间产生负面影响,因为大批量的工作会导致高偏差。与 6 小时的工作相比,6 个月的项目出现问题的风险更大。例如,任何处理过数据加载失败的人都知道,6TB 与 6MB 的文件传输是截然不同的工作。

尽管数据分析不是软件开发,但可以采用发布和迭代的概念。发布的目的是向客户供应可消费的产品。迭代是版本之间较小的工作单元,有时(但并非总是)发布给客户。解决工作量高度不确定的方法是使开发的发布周期尽可能短,确定周期中可以完成多少工作,并且永远不要在一个周期中超出这个工作量。与其推迟发布,不如将工作留给未来的迭代,接受不太准确的机器学习模型,在开发管道中使用更少的数据项、更直接的仪表板,或仅生成主题数据洞察。

小而完整的工作模块能够创造可靠、可重复的速度,并有助于确定团队的能力。应避免大量部分完成的工作,而是创建许多较小的完整工作单元。对于数据管道,不是处理大批量数据,而是使用事件驱动架构转移到小批量或者微批量数据,甚至流式传输数据,这种架构在数据到达时可以立即做出响应。

经理们经常要求团队多完成一项任务,而不会要求放弃某些事情,他们认为完成更多工作的方法就是增加更多工作。排队理论表明,平均循环时间与利用率的相互作用大到让人惊讶。当道路利用率从容量的 99.9% 上升到 100% 时,道路交通不会从正常速度立即停止。随着越来越多的车辆进入高速公路,车流此前很久就开始逐渐减速了。

超过 80% 的利用率,平均周期时间就开始呈指数增长。这种减速效应就是为什么大多数计算机服务器都包含冗余,或安全运行容量设置为远低于 100% 的原因。虽然这种想法对运营来说是正常的,但这个数学原理并没有影响到组织的其他部分。许多经理没有意识到,创建大型项目并 100% 发挥每个人的能力往往会造成缓慢交付。

为了快速交付,我们需要在服务器、数据库、数据管道和人员等方面提供一些余量。实现这一目标的一种方法是留出一些时间进行非紧急的附带项目和学习。另一种方法是疏通那些永远无法完成的工作。系统中的这些工作耗费了可以用于产生有用输出的能量。这些工作即使没有进展，也必须重新确定优先级、重新估计并更新状态。还应该删除那些永远不会做的事情，以及那些有好处但并不重要的事情。如果剩余的工作仍然超过系统的容量，则需要额外资源。

拉动式系统

拉动式系统是精益思维的解决方案，可将工作限制在系统容量内，并按需交付。它们源自丰田用于管理供应链中零件的系统。准确预测零件的需求很难，但即使是单个螺钉的短缺也会导致整条生产线停工，并导致团队等待缺失零件时产生巨大的延误交付成本。诱人的做法是多生产零件以最小化地降低延误成本，并将它们推入生产过程，无论是否需要。

丰田并没有试图预测所需组件的数量或积累多余的库存，而是创建了一个系统，当装配站点需要新零件时，该系统可以直观地发送信号，并通过一张看板卡片进行可视化提醒，其中包含要从供应商处提取的组件的详细信息。卡片传递给供应商，供应商在卡片到达时按顺序订购准确的补货数量，然后将其与卡片一起寄回。通过逐步减少系统中的卡片数量，丰田可以减少在制品，并减少所有三种形式的浪费，即无用（Muda）、不均匀（Mura）和不合理（Muri）。

精益团队不是让经理将工作推送给团队，而是将大型工作分解为较小的可执行的工作批次，并将它们添加到队列中，团队从队列中获取任务开始工作。队列的长度符合平衡工作的节奏。任何大块的事情都会因为只完成部分工作而增加平均周期时间，产生浪费，并在团队没有优先继续处理这个工作时，给利益相关者留下团队正在处理其请求的印象。接受了客户的请求但没有启动工作，相比提前告知客户的积极沟通，更可能会在几个月的静默后对人际关系产生重大的负面影响。

拉动式调度相比推进式调度有很多优势。工作流程是均匀的，团队永远不会拉动超过他们所能交付的量的工作，拉动式系统为我们提供了更多的选项。选择权是没有义务的宝贵权利，因为它们的价值随着不确定性增加而增加。金融期权的交易价格始终高于其内在价值，就是因为未来标的资产价格有可能发生足够大的变化，从而使期权更有价值。标的资产价格波动越大，期权的价值就越大，因为获利的潜力更高。

在现实世界中，我们愿意为灵活的机票服务支付更多的费用（与不可退款、不可改签的机票相比，多了改签的选项），因为计划是不可预测的，而且最后一分钟的机票成本很高。选项思维也适用于产品开发，正如丰田基于集合的并行开发、埃里克·里斯的 MVP 和新功能的拆分测试所发现的那样。如果初始版本成功，MVP 是开发更好产品的选项，如果客户重视新功能，则拆分测试能够提供低成本选项来推出新功能。

在拉动式调度中，一旦团队有能力，他们就可以选择根据最新的优先级和价值信息来决定下一步的工作，而不会中断正在进行的工作。在一个推送系统中，任务路径固定，团队处于超负荷状态，如果计划发生变化，就像用非弹性机票错过航班一样，干扰会大得多。

数据管道也可以基于推送式或拉动式。流行的分布式流处理平台 Apache Kafka 是一个很好的例子，其体现了基于拉动式设计的优势。Kafka 使用发布-订阅模式在应用程序之间读取和写入数据流，数据的生产者不会直接将其发送给数据的消费者（称为订阅者）。相反，生成数据的应用程序将数据流发送到托管在发布服务器（Kafka Broker）中的 Kafka 主题（一种数据类别）。一个主题可以有一个、多个或没有订阅其记录的应用程序。

Kafka 的开发人员考虑过基于推送的系统，由 Broker 将数据推送给消费者，但这种方式有缺点。按照 Broker 向所有订阅者推送数据的速度，如果不能足够快地消耗数据，很容易压倒其中的一个或所有订阅者。基于推送的代理还必须决定是立即推送新数据还是批量推送新数据。一次推送单个记录会导致多个记录在订阅者处排队，违背了试图减少延迟的目的。开发人员最终选择了拉动式系统。在拉动式系统中，订阅者可以决定最佳的记录批量大小和获取频率以减少延迟，并且可以通过从主题中获取未处理的数据（如果它落后于数据生产速度）而随时赶上。

精益思维可以识别浪费并管理工作流和数据以尽快交付。然而，要在一个完整的可发布批次中快速从想法到部署新的机器学习模型或数据管道，仍然需要创建一个使其成为可能的系统。第一阶段是确定现有流程中的主要障碍，并开始消除它们。

看到整体

精益思维鼓励我们退后一步，放眼全局，从而进行整体优化，而不是进行局部改进。艾利·高德拉特（Eliya M. Goldratt）在其 1984 年的著作《目标》[8] 一书中提出的约束理论（TOC）认为，系统的性能受到其关键约束的限制。就像一根链条的强度依赖于其最薄弱环节的强度一样，最大的瓶颈限制了整体系统的输出。消除当前最大的瓶颈导致次大的限制成为整个系统的约束。

该理论对优先排序也有影响。与其试图解决每一个问题，不如集中资源系统性地找出并消除整个过程中最大的瓶颈。任何其他改进都只是一种错觉。如果数据科学家需要几个月的时间才能访问数据，那么他们购买最快、最昂贵的计算机就毫无意义。而且，如果 ETL 进程每周只刷新一次，则将 ETL 过程迁移到 Apache Spark 来大幅加快速度是没有意义的。

约束分为四类：物质型约束、制度型约束、其他非物质型约束和人员约束。物质型约束通常与设备有关。制度型约束是阻止系统实现其目标的规则和衡量标准。其他非物质型约束可能包括缺乏干净的数据。人员约束包括缺乏资源和技能，但也包括限制数据分析消费的强烈信念和认知。制度型约束和人员约束是最常见和最难克服的，因为它们根深蒂固。雇用大量数据科学家，却不去解决他们的根本障碍，是对这些人才的浪费。

约束理论有一种寻找和消除约束的方法，称为五步法。第一步是确定主要约束条件。价值流图在这里可以有所帮助。其他方法包括询问团队成员，寻找经常需要通过升级（或监控）来加快工作的领域，以及寻找工作量积压的部分。第二步是使用现有的资源最大限度地提高吞吐量，包括检查和修复进入瓶颈的工作或数据质量，提高员工的技能或减轻其工作负荷，以及在不受限制的其他团队和系统中进行处理。

第三步是使系统的其余部分服从于第二步的措施。流程的其他部分根据定义具有多余的处理能力，因此应该保持与瓶颈相同的速度持续工作，并且永远不要发生超载或无法处理其输出的情况。从属关系可能导致不属于瓶颈的人员和流程放慢速度，这似乎有违直觉。如果这么做无法"打破约束"，就把它们放到一边，接下去的第四步就是解决第一步识别的约束。可通过在瓶颈点投入额外资源、雇用更多人员、提供额外培训、切换新技术、采集更多数据或绕过人工决策来提升。最后一步是重复该过程，作为持续改进周期的一部分。约束被打破，要么是消除了约束，要么需要做更多的工作来消除现有的瓶颈。

人们想要从第一步（确定约束）跳到第四步（针对问题投入更多资源）是很自然的想法，尤其是制度性约束是最常见的约束形式。然而，在一个问题上投入更多资源的初期会减缓进度，因为新人和系统需要一段时间的磨合才能真正投入工作。相反，我们应该正面解决政策限制。

政策和规则成为公认的口头禅，组织通常在忘记实施它们的理由之后很长时间内仍坚持它们。通常，这些政策是历史约束的结果，而这些约束已不复存在。例如，我们不再需要考虑访问非敏感数据、有限的处理器能力、昂贵的存储、缓慢的网络、缺乏内存或难以更改的代码的风险。政策限制往往使部门陷入冲突，因此很少从内部解决，通常需要外部人员帮助指出问题，但有时负责政策的人并未意识到其对工作流程的影响，这时可以通过说服他们来谋取改变。

为了有效消除约束，必须确保正在解决的是根本问题，而不是症状。约束理论包含一组解决问题的工具，称为思维流程，需要回答三个问题：要改变什么？改成什么样子？如何改变？这些工具用于遵循多步骤的认同过程，就问题达成一致，就解决方案达成共识，并克服实施障碍。

根因分析

可以使用两种不同的方法来找出根本原因，以准确回答"要改变什么？"的问题，即来自约束理论的当前现实树（CRT）和精益思维中的五问法。五问法适用于寻找与其他根因的相互作用很少，问题症状相对简单的根本原因。CRT 更有条理，旨在揭示问题之间的关系。

五问法通过重复问"为什么"，并迭代使用上一问题的答案作为下一个问题的基础，来确定问题的根本原因。该过程首先组建一个熟悉流程的跨职能团队，调查和定义明确的问题陈述。引导员根据需要多次询问团队"为什么？"，以确定问题的根本原因。丰田认为，要明确根本原因，需要问五次"为什么？"，但这不是硬性规定。引导员应尽可能地超越表象，多提问题。引导员在保持团队专注和避免相互指责方面也发挥着重要作用。

在询问过程结束时，引导员帮助团队确定解决根因问题的对策并分配职责。例如，团队可以通过以下五个问题来找出数据科学产品开发周期长的根本原因：

- 为什么平均周期时间这么长？在使用数据之前，清理可能需要数周时间。
- 为什么清理数据需要这么长时间？因为源数据存在很多缺陷，包括数据缺失、数据类型不匹配、重复记录、转换逻辑错误、数据不完整等。
- 为什么数据有这么多缺陷？没有进行足够的测试来确保有缺陷的数据不会进入管道或数据库。
- 为什么没有足够的测试？IT 团队并不将数据质量视为优先事项。
- 为什么 IT 团队不将数据质量视为重中之重？IT 团队不了解消费者如何使用数据以及数据质量差导致的问题。

最后一个问答促使团队找到了可采取行动的根本原因。即使是相同的问题陈述，如果人员的知识不同，找到的根本原因也可能不同。问题可能有多个根本原因，识别它们的唯一方法是每次提出一串不同的问题。如果涉及系统，另一种方法是使用 CRT。

　　CRT 是一种通过可视化图表来识别因果关系的工具。其假设是，我们可以将组织中出现的每一个问题作为症状追溯到屈指可数的核心根本原因。修复这些根本问题会导致多个相互关联和依赖的问题消失。

　　为了构建 CRT，一个对组织及其系统有足够经验的小组一致同意就一份 5 ~ 10 个问题（不良影响，UDE）的清单进行分析。UDE 必须具有可衡量的负面影响，能够明确描述，并且不应是缺失解决方案的清单。一个例子可能是缺乏数据科学方法的培训。UDE 的其他示例可能包括数据工程师的高流动率、经理根据直觉做出决策、数据科学家花费过多时间去清理数据，或者数据科学产品需要很长时间才能投入生产。团队还可以选择为 CRT 所代表的系统设置边界，例如是权力或影响的范围。

　　团队使用来自 UDE 的因果推理链以图形方式构建 CRT，使用 if/then 逻辑（如果发生这种情况，则产生此效果），其中椭圆表示需要同时满足的"与"条件。推理链将 UDE 连接起来，在这个过程中，需要添加额外的中间不良影响，以将所有内容连接在一起。这个过程一直持续到收敛于几个核心根本原因。图 3-3 显示了三个 UDE 的简化 CRT，有两个核心根本原因。

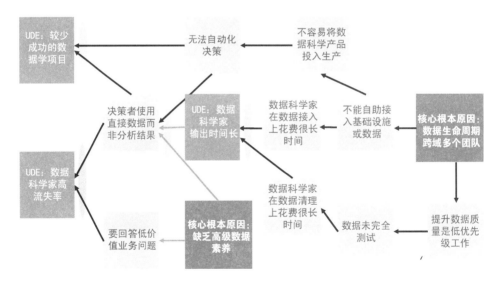

图 3-3　简化的现实树（CRT）

　　CRT 本身不会告诉我们如何处理核心根本原因，还需要有其他的思考过程。但是，它确实确定了需要将精力集中在哪里，并避免了在尝试解决多个 UDE 时浪费资源的次优化陷阱。

总结

精益思维彻底改变了全球制造业、航空运输和软件创建方法等行业，以及初创公司走向成功的路线。精益思维还可以改变数据分析，大多数组织尚未将数据分析本身视为生产系统或产品开发系统。这需要一种思维转变，考虑数据产品而不是数据项目，考虑数据流而不是技术层或组织功能。一旦观点改变，就有可能应用精益思维和科学方法来显著提高流程效率。

要使生产系统和产品开发系统有用，就需要了解客户需求，这样时间和精力就不会浪费在构建他们不想要的东西上。不幸的是，当谈到数据分析和数据科学时，客户通常不知道他们需要什么，或者在数据工程方面，什么解决方案最有效。精益创业方法首先通过构建MVP，然后利用经证实的认知和反馈迭代改进产品来应对不确定性。学得越快，就能越成功。因此，如果不是彻底的痴迷，可持续地提高交付速度应该是一个高优先级事项。

为了尽可能高效地交付客户所需的产品，必须去掉任何对实现目标没有帮助的浪费步骤。无论是数据流生产还是数据产品开发，价值流图都可以帮助识别流程中的各种形式浪费，结果往往令人惊讶。所有不可避免的浪费最终都会表现为过程中的额外时间延迟。数据流和数据产品开发的平均端到端周期时间可以通过消除八类浪费来减少，这些浪费是部分完成的工作、多余功能、多余的过程、多任务处理、等待、过度移动、缺陷和未充分利用的人才。

一旦消除了可识别的浪费形式，工作流就会增加。传统的快速交付管理方法，如堆积更多的工作、一厢情愿的想法、制造恐惧或悬而未决的激励措施，只能在短期内奏效，因为它们会为未来积累问题。在不影响质量的情况下以可持续的方式快速交付的唯一方法是提高系统的交付能力。

排队理论告诉我们，减少平均周期时间的最有效方法是将工作分解为大小均匀的小批次，而不是承担超出自身处理能力的更多任务。目标是尽快将一项工作从开始转移到部署，这样就不会以部分完成的工作告终。约束理论告诉我们，最大的瓶颈限制了整个系统的输出。该理论还告诉我们，试图单独解决多个问题是毫无意义的，我们需要优化整体。资源应专注于消除最重要的约束，使用根因分析工具，以确保能够解决核心问题，而不是症状。根因分析可能需要具有知识和权威的跨职能团队人员的努力来进行改变，这可能是最需要克服的困难。

通过改进的流程可以转向拉动式调度，以平衡工作流，防止过度承诺，并提供下一步工作的选项。项目开始是制定计划和承诺最糟糕的时间，因为这是整个过程中信息最少的时候。通过将承诺推迟到最后一刻，可以根据最新的信息从队列中提取工作，我们必须根据这些信息做出决策。

精益思维是一种思维方式，所以它永远不会"完成"，它需要持续的过程改进、持续的改善和持续的绩效衡量，以追求完美（创造有价值的数据产品和零浪费的数据管道）。下一章将详细介绍敏捷开发，这是一套与精益原则密切相关的快速软件交付方法论。

尾注

［1］ Taiichi Ohno, Toyota Production System：Beyond Large-Scale Production, March 1988.

［2］ James Morgan and Jeffrey Liker, The Toyota product development system：Integrating People, Process and Technology, March 2006.

［3］ James Womack, Daniel Jones, and Daniel Roos, The Machine That Changed the World, October 1990.

［4］ Mary and Tom Poppendieck, Lean Software Development：An Agile Toolkit, May 2003.

［5］ Eric Ries, The Lean Startup：How Constant Innovation Creates Radically Successful Businesses, October 2011.

［6］ Multitasking：Switching costs, American Psychological Association, March 2006, www.apa.org/research/action/multitask.aspx.

［7］ James Womack and Daniel Jones, Lean Thinking：Banish Waste And Create Wealth In Your Corporation, July 2003.

［8］ Eliyahu M. Goldratt and Jeff Cox, The Goal：Excellence In Manufacturing, 1984.

4

敏 捷 协 作

传统软件开发方法难以应对不确定性，因此，敏捷软件开发运动于 2001 年兴起。该运动的创始人选择"敏捷"一词例证他们的观点，即软件开发必须具有适应性并响应变化。除了适应性之外，人们的合作方式也有别于其他软件开发方法。敏捷团队应是跨职能、自组织的，并密切协作来提出解决方案。

与软件开发一样，数据科学与分析也必须应对巨大的不确定性。该不确定性超出了软件开发所需的技术工作。数据科学是对不断变化的数据进行应用研究，需要采取迭代的方式来交付成果，但迭代工作量却难以估算。敏捷方法似乎非常适合数据科学与分析。业界已有一些敏捷数据科学方法的尝试设计，包括罗素·朱尼（Russell Jurney）编著的《敏捷数据科学 2.0》及其《敏捷数据科学宣言》[1]。然而，在把敏捷方法应用于数据科学与分析之前，必须了解敏捷思维、框架和实践。

为什么选择敏捷？

敏捷开发是当前交付软件的主要方法。在 Stackoverflow 2018 年对全球超过 100000 名开发人员的调查中，有 85.9% 的专业开发人员表示他们在工作中使用了敏捷软件开发方法[2]。敏捷软件开发的快速推广是先前项目管理方法存在问题的直接结果。

瀑布式项目管理

传统上，组织使用瀑布式项目管理方法来执行交付。瀑布模型起源于建筑业和制造业，在这些行业中，后期变更成本非常高，或者工作一旦开始就很难再更改设计。瀑布模型要求提前冻结需求。毕竟，打好地基后再增加建筑物楼层数并不是件容易的事。

瀑布式项目管理预定义需求，然后按顺序施工。项目被整体规划，随后是设计、开发、测试和实施阶段。瀑布式项目管理过程顺着一个方向从一个阶段向下一阶段推进，类似于水朝一个方向（向下）倾泻。瀑布模型是预测型项目管理的一种形式，需求是固定的，然后根据评估所需的资源和时间按计划交付。

瀑布模型是最早的软件开发生命周期管理方法，随着软件变得越来越复杂，瀑布模型的局限性开始变得明显。客户在早期阶段并不确定自己想要什么，因此收集准确的需求是很困难的。瀑布模型难以适应变化，一旦一个步骤完成就没有回头路了。因此，为避免返工和错过最后的工期，客户与开发人员保持着一定的距离。

瀑布项目总是在最后阶段才交付可工作的软件。然而，世界无时无刻不在发展变化中，所以最初的需求通常在交付时已经过时。对复杂软件需求做资源和时间的评估是很棘手的，因此项目经理制定详细的项目计划，对其进行评估，并以命令和控制的方式分配任务。这样的情况下，评估很可能是错误的，而且刚性地告诉软件开发人员什么时候应该做什么可能会降低他们的积极性，并可能导致投机取巧。瀑布方法固有的这些缺点容易导致软件延迟交付、出现缺陷或误判客户需求等状况的发生。

敏捷价值观

为了解决瀑布式开发方法过度计划和微观管理造成的问题，轻量级框架出现于 20 世纪 80 年代和 90 年代，包括快速应用程序开发（RAD）、动态系统开发方法（DSDM）、Scrum 和极限编程（XP）。这些软件开发框架属于适应性而非预测性的项目交付方法，在时间和资源固定的情况下，根据客户需要来调整功能设计。

然而，在 2001 年 2 月 17 位领袖级开发人员在犹他州雪鸟滑雪胜地会面讨论它们之间的共同点之前，这些轻量级的自适应项目管理方法并未受到广泛关注。17 位开发人员除创造出"敏捷"的理念之外，还提出了"敏捷软件开发宣言"。许多人现在把它称为敏捷宣言，其中包括基于他们团队和项目成功经验的四个核心价值观。

"我们正在通过实践和帮助他人来发现更好的软件开发方法。通过这项工作,我们开始重视:

- 个体和互动高于流程和工具。
- 可运行的软件高于详尽的文档。
- 客户合作高于合同谈判。
- 响应变化高于遵循计划。

这里的左项高于右项意味着,尽管右项有价值,但是我们更重视左项的价值[3]。"

敏捷团队更多地关注团队的沟通和协作,而对于他们所用的工具和方法关注较少。交付满足客户需求的软件比提供详细的规格说明书更有用。把客户视为团队的一部分(这是认识到了客户无法在项目开始时准确定义需求),并且持续协作以确保他们参与整个过程。我们无法做到完美计划,因此有必要动态调整方向从而交付客户想要的东西,而不是致力于僵化地交付一个过时的计划。

除了敏捷宣言中的四个价值观外,17 位敏捷联合创始人还提出了 12 条原则来指导从业者实施和实践敏捷[4]:

- 我们最重要的目标,是通过持续不断地及早交付有价值的软件来使客户满意。
- 坦然面对需求变化,即使在开发后期也一样,为了客户的竞争优势,要通过敏捷过程来适应变化。
- 经常性地交付可以工作的软件,比如间隔几个星期或一两个月就交付,交付的时间间隔越短越好。
- 业务人员和开发人员必须相互合作,项目中的每一天都不例外。
- 激发个体的斗志,以他们为核心搭建项目。提供所需的环境和支持,辅以信任,从而达成目标。
- 不论团队内外,效果最好且效率最高的信息传递方式就是面对面的交流。
- 可以工作的软件是首要的进度度量标准。
- 敏捷过程提倡可持续的开发速度。责任人、开发人员和用户要能够共同维持其步调稳定延续。

- 坚持不懈地追求技术卓越和良好设计，敏捷能力由此增强。
- 以简洁为本，它是极力减少不必要工作的艺术。
- 最好的架构、需求和设计源自自组织团队。
- 团队定期反思如何能提高成效，并依此调整自身的行为表现。

敏捷软件开发不是一种方法论。它不只是类似于 Scrum 和 XP 的框架和实践（如冲刺和结对编程），而是一组遵循敏捷宣言价值观的独立框架和实践的总称。其中许多框架和实践早于敏捷宣言出现，或借鉴了精益思想等其他哲学。与精益思想一样，敏捷也是一种思维方式。改进项目交付所需的不只是采用一些象征性的敏捷实践，更多的是从思维方式上遵循敏捷理念的指导。

敏捷框架

敏捷框架包含实现敏捷宣言价值观的各种方法。第 12 届年度敏捷状态报告将 Scrum、Scrum/XP 混合、看板和 Scrumban 列为使用最广泛的敏捷框架。同时，规模化敏捷框架（SAFe）是迄今为止在组织中跨多个团队扩展敏捷实践的最流行方法[5]。

Scrum

Scrum 是最流行和最知名的敏捷框架。Scrum 适合迭代产品开发，也适用于非软件开发项目。Scrum 在理论上很简单，但在实践中很难掌握。

Scrum 团队中有三个关键角色：产品负责人（Product Owner）负责结果和优先顺序；Scrum Master 负责确定团队的业务焦点，指导、排除障碍，以及推动 Scrum 原则和实践的应用；一个 3~9 人的跨职能开发团队负责决定如何完成工作。

开发团队是平等和自组织的，甚至 Scrum Master 也不会告诉他们如何交付。产品负责人与团队一起创建一个称为*产品待办事项*（Product Backlog）的任务优先级列表。工作在称为*冲刺*（Sprint）的时间框迭代中进行，每个冲刺的固定长度为 1 周、2 周或 4 周，最长不超过一个月，因为短迭代可以降低风险。每个冲刺从冲刺计划会议开始，产品负责人和团队对具有冲刺价值的工作达成共识，将其作为冲刺目标的一部分，从产品待办事项列表拉到冲刺待办事项（Sprint Backlog）列表。一旦冲刺待办事项列表和目标达成一致并且开发团队确定下来，除非产品所有者在特殊情况下发起，否则不能再做进一步更改。

　　团队、Scrum Master 和产品负责人每天召开一个称为 Scrum 例会的简短站会，每个成员向团队同步前一天的成果、当天计划和进展障碍。在冲刺结束时，团队需要交付一个完整的经过测试的新功能，称为可交付增量（Shippable Increment），并在一个简短的冲刺评审会议上向产品所有者和其他利益相关者进行演示。该会议是对照原始冲刺目标进行审查并最终交付的机会。最后一个冲刺事件是冲刺回顾，这是团队回顾冲刺阶段工作并识别改进未来冲刺运行方式的行动。图 4-1 显示了 Scrum 敏捷生命周期。

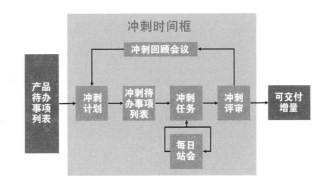

图 4-1　Scrum 敏捷生命周期

　　除了产品待办事项列表、冲刺待办事项列表和可交付功能之外，Scrum 还使用很多其他工具来管理交付。工作通过任务板控制，它可以画在墙上或白板上，也可以在 JIRA 等软件工具中实现。Scrum 任务板最初有五列，但现在最常见的格式只有三列（"待办事项"、"进行中"和"完成"）。每个索引卡或便签代表一个任务，被添加或移动到任务板的适当列以反映它们的状态。任务板的目的是在视觉上有效地传播信息并创建协作焦点，尤其是在日常 Scrum 期间。

　　Scrum 项目的进度采用燃尽图（Burndown Chart）进行跟踪，该图绘制了任务中剩余的工作、工作时间和团队天数或对冲刺燃尽（或发布冲刺）天数的其他衡量标准。任务板和燃尽图是敏捷术语中"信息辐射器"的例子，它们是高度可见的图表，所有团队成员都可以一目了然地看到最新信息。信息辐射器的概念源于丰田生产系统中使用的视觉控制系统。

XP 及 Scrum/XP 混合

Scrum 是一个管理产品开发的框架，不是制造产品的过程、技术或方法，这使得 Scrum 非常适合与其他框架（如 XP）和看板相结合。许多实施 Scrum 的团队都结合了 XP 实践。

XP 与其他大多数敏捷框架的区别是对技术实践的关注点不一样。XP 有 13 个主要实践，分为团队实践、规划实践、编程实践和集成实践。团队如何协同工作是 XP 的一个重要部分，因此有四种实践与团队相关，团队人数不应超过 12 人。第一个实践是要坐在一起，在一个足够容纳整个团队的开放空间中进行交流，并在适当的情况下设置屏障或分区。第二个实践是团队意识，整个团队拥有项目成功所需的所有技能，跨职能小组在团队中作为一个单元进行工作。第三个实践是信息工作场所，在这里，信息辐射器使观察者在进入团队空间的 15 秒内就能快速了解项目进展情况。最后一个实践是精力充沛地工作，团队必须以可持续的速度工作以避免倦怠。

结对编程是 XP 独有的，也是第一个编程实践。两人并排坐在一台机器前轮流编写代码，其中一人负责观察和审查。通过这种不断讨论的方法，代码通常错误更少并且更高效。测试优先的编程（与 TDD 同义）是第二个实践。它要求在编写程序代码前编写一个缺陷自动化测试用例，以获得有关问题的早期反馈并减少错误，然后编写程序代码以通过测试——通常是单元测试，检查软件的最小可测试单元，如函数。XP 团队在实施前没有在设计上花费大量精力，而是创造条件最小化变更成本。实现这点的一个方法是每天投入精力做系统设计，并在最后责任时刻按照增量式设计实践进行与变更需求相称的改变。在不改变软件外部行为的前提下改变软件内部结构，称为重构，它在 XP 过程中持续发生，通过保持代码的简单性来支持增量式设计。

XP 的计划实践从用户故事（User Story）开始，用户故事是由用户编写或为用户编写的简短描述，用于描述产品的有意义的用途。用户故事的概念起源于 XP，它用恰到好处的细节说明代替大型需求文档，以便及早估算收益、成本和约束。XP 没有给用户故事规定特定的格式，不过英国 Connextra 公司发明的"角色-特征-原因"模板是用户故事最常见的结构。

Scrum 是以周为时间框进行迭代的实践。团队在每周开始时召开计划会议以审查进度，让客户选择要纳入本次迭代的用户故事，并将用户故事分解为个人可以承担责任的任务，目标是在当周开发成为可部署的功能。长期规划是按季度周期推进的。在季度计划会议期间，团队开会对本季度的一个或多个主题安排计划。主题是当前关注的重点领域，通常可以使用与更大组织目标一致的故事来解决，然后，团队决定要把哪些故事加入季度周期中来解决这个主题。如果团队发现对技术或功能理解不深而难以评估某些故事，他们会在一个称为探针（Spike）的时间框迭代中进行重点研究或原型设计。计划会议也是一次反思进度、确定内部修复和外部瓶颈、了解团队满足客户需求的程度以及关注全局的机会。实践中制定计划时可安排一个宽松（Slack）任务，这类似于精益思想中备用容量的概念。"宽松"是指在每周周期和季度周期中加入低优先级的故事；如果团队进度落后，那么就放弃低优先级故事以防止过度承诺。

最后两个主要的 XP 实践属于集成类别。10 分钟构建实践的目标是在 10 分钟内自动构建整个代码库并运行测试。此时间限制是为了鼓励团队尽可能多地运行测试并获得反馈。另一个实践是持续集成，将代码集成转换到更大的代码库中，并至少每 2 小时做一次集成测试。在进行更重要的更改之前发现问题会使问题更容易解决。图 4-2 显示了 XP 生命周期中迄今为止描述的所有 XP 实践。

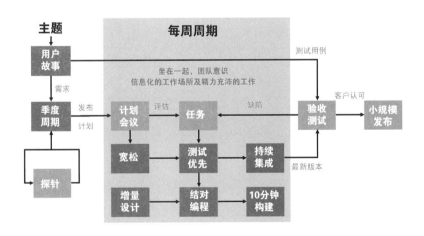

图 4-2　XP 敏捷生命周期

看板方法

看板方法（通常简称为看板或 Kanban）是丰田可视化库存管理系统、约束理论，以及爱德华·戴明等人的观念和思想在知识工作中的应用。Scrum 专注于管理产品开发，XP 专注于交付代码的实践，而看板则是流程改进的框架。使用看板的团队看重的是用精益思维来消除流程中的浪费，而不是用它来适应变化的能力。

促进变革管理的四项原则是看板的基础，即从现在所做的开始、同意追求增量、渐进变革及鼓励各个层面的领导行为。与敏捷框架不同，看板不需要采用新流程。没有所谓看板项目管理方法或看板软件开发过程。看板依赖于持续稳定的改进，不规定特定角色或跨职能团队。看板有六项核心实践，即可视化、限制在制品、管理工作流、显式化流程规则、构建反馈闭环及协作式改进、实验性进化。

看板是将团队工作和流程可视化最常见的方式。从表面上看，看板与 Scrum 任务板非常相似，但两者存在根本区别。看板基于连续工作流，而不是像 Scrum 那样的离散迭代（冲刺）。Scrum 团队在冲刺之前优先考虑产品待办事项，并用任务填充空的任务板。一旦团队提交了冲刺待办事项列表，任务板整体上就属于该团队了，产品负责人不能编辑它或添加新任务；冲刺以所有任务"完成"为结束（理想情况），然后再从一个干净的任务板开始。

看板的工作项不是任务，它们是需要个人执行任务使其完成的独立工作单元。因此，看板列的名称通常代表了一个工作流，如分析、开发、测试和发布，并且看板有时包含用于紧急工作的加速通道。与 Scrum 不同，团队并不拥有看板，因为工作流可以跨越多个团队。相反，工作项准备好开展时会被分配给个人，管理人员可以编辑看板。看板是连续的，因此当工作项完成时，团队和个人可以选择跨列拉动哪些新的工作项。

Scrum 和看板都会限制在制品数量（WIP）以防止超负荷和不平衡，我们从精益思想了解到这会减慢工作流。Scrum 通过时间框来限制 WIP，而看板则通过限制任何时刻列中的工作项数量来限制 WIP。列中的 WIP 限额设置能确保工作项在列之间的移动不超过目标列产能限制。精益思想中出现这种矛盾的原因在于，它促使团队仔细考虑下一步要开展的工作项，而不是尽可能快地做所有事情。如果测试超负荷，那么做更多开发是没有意义的。相反，团队可以在看板其他地方寻找需要移动的工作项，并保持流程前进。看板通过列的在制品限制最大限度地减少工作等人或人等工作的时间，确保工作队列的平滑流动。

团队使用管理流动的实践让看板上的工作项提升流动速度、减少提前期——提前期是工作项在启动和完成之间或在系统中停留的时间。团队贯彻管理流动实践，测量工作流中的工作项总数和提前期，以识别和消除瓶颈和循环。通过了解整个工作流程、作为一个团队进行实验性更改及测量影响，看板团队使用科学方法改进工作项流动并使其更具可预测性。

看板策略尽可能透明地解释工艺流程，确保每个人目标一致并且协作有效。看板策略包括看板列名称（它们体现了工作流和 WIP 限制），工作项退出看板列的规则、对完成的定义等。

看板方法中有多个不同节奏的反馈回路。看板团队向其客户提供服务，每季度进行一次策略审查，以评估需要提供的服务；而运营和风险审查则每月进行一次，以决定在服务中部署的人员和资源，并管理交付风险。每两周一次的服务交付审查类似于一次回顾，关注看板方法的改进。在工作项级别，每周的补充会议识别和计划下一步要处理的工作项。

看板和 Scrum 各有优缺点。Scrum 本质上是规定性的，具有定义的角色、组件和限时冲刺；通过严格的指导方针约束纪律并确保在冲刺结束时交付高质量生产代码。短冲刺可以降低风险，并通过定期审查和回顾提供学习和改进的机会。但是，Scrum 实践涉及相当大的开销，即使时间很短，也需要对冲刺待办事项进行瀑布式的预测估计，而冲刺期间的意外问题可能会给团队带来压力。故 Scrum 只适用于经验丰富、能够独立自主运作的跨职能团队。

看板比 Scrum 更适合计划外和难以估计的工作，因为它没有承诺交付特定任务，而只是为了工作流最大化。没有在时间框结束时进行交付的承诺，意味着可交付的增量可能会提前发布，或者因为价值不高可能会为更高优先级的工作项让路而完全放弃。然而，看板也有缺点。就像在生产装配线上一样，工作项被期望只在工作流中流动一次，但在实践中，有些复杂的工作项可能必须回退到先前的阶段。看板的设计可以适应复杂的工作流程，但这使得简单可视化管理的期望更加难以实现。

Scrumban

科里·拉达斯（Corey Ladas）最先提出了 Scrumban 的概念（Scrum 和看板的组合），提供了一种帮助团队在 Scrum 和看板之间转换的方式，但它本身已经成为一种新的方法[6]。Scrumban 是一种将看板的持续改进和工作可视化实践应用于 Scrum 的方法，但它的组成并没有硬性规定。看板不是规定性的，而是从现在所做的事情开始，因此 Scrumban 通常指将看板原则和实践应用于 Scrum。

Scrumban 通常包括 Scrum 的一些角色、会议和组件。工作围绕开发团队单元组织，但与看板一样，其他角色仅在需要时指定，团队不需要跨职能。Scrumban 不推行每日例会，并且可以选择时间框迭代以促进持续的优先级排序，但必要时会召开计划、审查和回顾会议。Scrumban 也使用任务板来可视化工作安排，但不使用冲刺待办事项列表或燃尽图，因为它们不适合连续工作流的看板方法。

Scrumban 与 Scrum 任务板的不同之处在于，它包含用于改进流程的缓冲列，并包含具有 WIP 限制的待办事项列和就绪列。Scrumban 团队根据优先级把工作从待办事项列拉到就绪列，最后拉到进行中的列（当他们可以承担时）。与固定时间间隔的计划不同，紧急任务和少量积压是即时计划和需求分析的触发因素。Scrumban 团队不会等到回顾时才改进流程，他们遵循持续改进的看板精神，不断寻找缩短交付周期的方法。

大规模敏捷

目前敏捷框架涵盖了单个产品的开发阶段和技术实践，但是，这只是产品生命周期的一部分，工作在开发阶段之前就开始了。在概念阶段就需要识别潜在产品、疏理优先级和评估可行性，接下来需要利益相关者积极参与，以在初始阶段提供资金、建立团队和创建需求。工作并不会随着产品发布到生产环境而结束，产品支持对于运营活动来说是必要的，例如在产品最终退出运营和停产之前修复缺陷及改进产品设计。

除了横向扩展以监督产品生命周期外，组织还必须管理多个产品或团队。把敏捷在单个团队或单个产品开发阶段之外进行扩展的三个流行框架是 SAFe、SoS 和 DAD[7]。图 4-3 比较了三个敏捷框架在整个产品生命周期的覆盖范围。

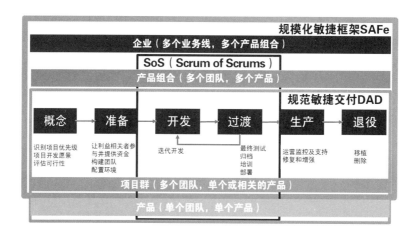

图 4-3　涵盖整个产品生命周期的 SAFe、SoS 和 DAD 框架

SoS

SoS 是一种简单的机制，通过把所有事项提升一个级别来扩展 Scrum。无须创建庞大的 Scrum 团队来处理大型产品或多个产品，各团队应保持在 5~10 人的 Scrum 理想规模。每个团队都提名一位代表，参加每日或频率稍低的 SoS 会议，与其他团队的同行会面。SoS 遵循与团队日常 Scrum 会议类似的模式，由团队代表分享团队进展、团队下一步工作和团队障

碍，并说明可能对其他团队进展造成阻碍的事项。SoS 的目的不是向外部利益相关者或管理层报告，而是帮助团队兑现他们的承诺。SoS 允许团队在没有外部干扰的情况下快速同步、协调和解决问题。

规范敏捷交付

规范敏捷交付（Disciplined Agile Delivery，DAD）是看板、精益软件开发和多个敏捷框架的非规范性混合工具包，包括 Scrum、XP、SAFe、Spotify 的敏捷模型、敏捷建模（AM）和统一过程（UP）[8]。DAD 涵盖从概念提出到软件下线的完整软件生命周期，是更广泛的规范敏捷（DA）框架的一部分，该框架还包括规范 DevOps、规范敏捷 IT（DAIT）和规范敏捷企业（DAE）。

DAD 从组织期望的结果开始，以上下文建议的形式提供关于生命周期、过程目标和最终目标的实践的三个级别的框架。DAD 的核心是 21 个过程目标（过程结果），所有团队从组建团队到解决风险都需要处理这些目标。每个过程目标都有一个可视化的决策树图，描绘了需要考虑的决策点。DAD 的提出者认识到解决方案交付本质上是复杂的，有选择比一刀切要好，因此每个决策点都有可选项，以潜在策略及其权衡点的简要总结形式进行呈现。

DAD 支持六类生命周期，使团队能够灵活选择最合适的方法。这六类生命周期是敏捷（基于 Scrum 的解决方案型交付项目）、持续交付：敏捷（基于 Scrum 的长期团队）、探索性研究（基于精益启动的运行实验）、精益（基于看板的解决方案型交付项目）、持续交付精益（基于看板的长期团队）和项目群（针对一组团队）。团队根据流程图确定适当的生命周期，该流程图考虑了各种约束，如团队技能水平、团队组织文化、发布规模和频率，以及干系人的可用性和灵活性等。

规模化敏捷框架

规模化敏捷框架（Scaled Agile Framework，SAFe）将精益和敏捷原则应用于各个级别的解决方案交付、产品、项目组合、产品组合和企业。它还涵盖从概念到退役的整个产品生命周期。SAFe 具有可配置性。基本型 SAFe 支持 50～125 名从业人员的规模较小的解决方案。SAFe 还可以为复杂系统提供大规模解决方案，这些系统需数千人的规模，可以采用大型解决方案 SAFe、投资组合 SAFe，甚至完整型 SAFe[9]。

SAFe 的核心是应用 Scrum/XP 或看板的长期、跨职能敏捷团队实践。工作被分配给团队而不是团队成员，一个团队成员只能属于一个团队。敏捷团队自身附属于一个称为敏捷发布火车（ART）的长期虚拟团队。ART 产生于组织的重要价值流，如银行的房屋贷款销售。ART 致力于实现共同的愿景、路线图和项目待办事项，并拥有独立交付解决方案所需的所有技能和技术基础能力。

每个 ART 通过四项重要活动确保同步：项目群增量（PI）计划、系统演示、创新和计划迭代（IP），以及检查和调整（I&A）活动。PI 计划活动把 ART 以物理或虚拟方式聚集在一起两天以上，为下一个 PI 时间框（通常为 8~12 周）建立一致的集体目标。在每两周迭代结束时，所有团队的集成工作通过系统演示展现给利益相关者，他们提供反馈以调整列车方向。持续关注交付会排斥创新，因此 PI 中的最后一次迭代是 IP 迭代，它允许团队致力于创新、工具和学习。I&A 活动在 PI 结束时举行，展示 ART 在 PI 期间开发的所有功能，审查团队在 PI 开始时同意收集的定量指标，并进行回顾性研讨会，以采用根因分析法确定最大障碍。

SAFe 还包括技术实践（除了 XP 使用的那些），以执行 PI 工作。每个 ART 都按需构建和维护发布，这是一种持续交付管道方法，可随时定期发布小增量价值。架构跑道通过提供组件和技术基础设施来实现持续交付，以在 PI 期间实现高优先级功能，而无须过度重新设计或延迟。随着新功能的添加，ART 开始耗尽跑道。人们使用浮现式设计，通过添加新功能或修复现有问题（如容量限制）来扩展跑道。浮现式设计是一种与意图架构一起工作的增量渐进方法，意图架构是一种有计划的架构倡议，可指导团队间的设计和同步。图 4-4 显

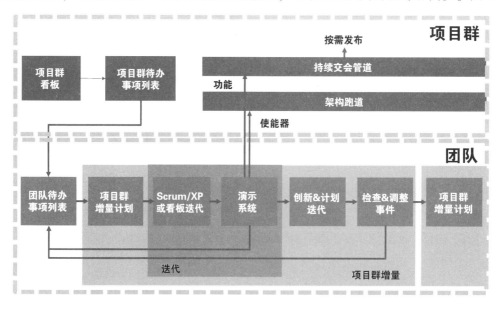

图 4-4　简化的基本 SAFe 生命周期

示了基本的 SAFe 生命周期。

投资组合 SAFe 在基础级 SAFe 之上添加了一些实践，以管理多个价值流的解决方案组合。大型解决方案 SAFe 提供大型复杂解决方案，如医疗、银行和航空航天系统，有时被称为系统的系统。完整型 SAFe 是投资组合 SAFe 与大型解决方案 SAFe 的结合体。

DataOps 的敏捷

与软件开发一样，数据科学是一项创造性且不可预测的工作，需要对变化做出响应。敏捷软件开发的许多价值观、原则及敏捷框架的实践、角色、组件和事件都适用于数据科学，但也有些并不适用，例如，频繁交付可工作的软件是敏捷软件开发的一个重要原则，但做出更好决策的不仅仅是软件本身，好的决策还基于高质量的数据和算法。一个具有糟糕数据完整性仪表板或高延迟推荐引擎 API 的软件，即使功能非常齐全，其表现也不如随机预测，对消费者毫无用处。此外，数据科学开发生命周期也不一定能采用前文所讲的各种敏捷实践，例如两周的冲刺。与软件开发生命周期中的交付步骤相比，业务理解、数据获取、数据整理、数据探索、数据清理、数据特征探索、模型训练、模型评估和部署的可预测性要低得多，但迭代性却更强。

DataOps 宣言

为了解决软件开发和数据分析之间的差异，克里斯托弗·伯格（Christopher Bergh）、吉尔·本加特（Gil Bengiat）和埃兰·斯特罗德（Eran Strod）发布了 DataOps 宣言[10]。他们在多个组织中处理数据，以及应对快速交付各种高质量数据分析挑战的经验，奠定了宣言的基础。该宣言由五个价值观组成，具体如下。

无论是在数据科学、数据工程、数据管理、大数据、商业智能或其他类似领域，通过我们的工作，已在分析领域建立以下价值观：

- 个体与互动高于流程与工具。
- 可用的分析高于详尽的文件。
- 客户合作高于合同谈判。

- 实验、迭代以及反馈高于大量的前期设计。
- 跨职能的运营所有权高于孤立的责任。[10]

"可用的分析"取代了敏捷软件价值观中"工作的软件"，"迭代和反馈"取代了"响应变化"，跨职能的所有权是一个新的价值观，反映了开发和维护数据管道对多种技能的需求。

DataOps 原则

宣言也提出了 18 条 DataOps 原则：

- 持续满足客户需求。首要考虑的应是通过在几分钟到几周内尽早、持续地交付有价值的分析洞察来满足客户需求。
- 有价值且可用的分析。衡量数据分析成效的主要指标为，在健壮的架构与系统之上，提供具有较高洞察力和准确性的数据分析。
- 拥抱变化。应欢迎不断变化的客户需求，事实上，应该拥抱变化以创造竞争优势。要相信，与客户沟通最有效、最灵活的方法是面对面交谈。
- 团队运动。数据分析团队是拥有各种角色、技能、喜欢的工具和头衔的组织。
- 每日互动。客户、分析团队与运营人员每天必须在项目中一起工作。
- 自组织。最好的分析洞察、算法、架构、需求与设计皆来自自组织的团队。
- 减少英雄主义。随着分析洞察需求在深度和广度上的不断增加，分析团队应努力减少英雄主义，并建立可持续、可扩展的数据分析团队和流程。
- 反省。分析团队应该针对来自客户、团队本身及运营统计数据的反馈定期自我反省以优化运营效能。
- 分析即代码。分析团队使用不同的工具来访问、整合、建模，以及把数据可视化。从根本上说，这些工具中的每一个都会生成代码和配置，这些代码和配置描述了为提供洞察力而对数据采取的操作。
- 编排协作。自始至终对数据、工具、代码、环境及分析团队的工作进行编排协作，这是分析交付成功的关键。

- 可再制的结果。可再制的结果是必需的，因此可以对所有内容进行版本控制，包括数据、低级硬件和软件配置，以及工具链中每个工具特定的代码和配置。
- 可抛弃的环境。为分析团队成员提供易于创建、独立、安全、与生产环境一致且用后可抛弃的技术环境，对最大限度降低他们的实验成本非常重要。
- 精简。持续关注卓越的技术和良好的设计有助于提高敏捷性；同样，精简，即最大化未完成工作量的艺术，也是必不可少的。
- 分析即生产。分析管道类似于精益生产线。DataOps 的根本理念之一是专注过程思维，以实现持续高效的生产分析洞察力。
- 质量至上。分析管道应建立在能够自动检测代码、配置和数据中的异常及安全问题的基础上，并应向操作员提供持续反馈以避免错误。
- 监控质量和性能。持续监控性能、安全性和质量指标，以检测意外变化并生成运营统计数据。
- 复用。有效率的分析洞察，是建立在避免个人或团队重复工作基础上的。
- 改进迭代周期。应该减少将客户需求转换成分析想法的时间以及负担——在开发中建立它，用可重复的生产流程来发布，最后再重构及复用该产品。

与价值观一样，许多 DataOps 原则与敏捷软件开发的原则重叠，另外还有一些新增内容，它们使得数据分析成为一种类似精益制造的理念，如流程思维、分析即代码思维，以及通过代码和自动化而不是交互式工具进行交付。但是，我认为其他一些附加内容，如可抛弃的环境和监控，是属于 DataOps 实践（所做的事情）而不是原则（指导如何做）。

数据科学生命周期

DataOps 价值观和原则以及数据科学生命周期有助于定义哪些敏捷实践、事件、组件和角色是有用的。图 4-5 显示了一个典型的数据科学生命周期。

构思阶段用于识别潜在产品并确定其优先级，而准备阶段则完成产品研发之前的启动工作。研发阶段进行大量开发交付工作。与软件开发生命周期相比，数据科学生命周期更多地关注数据和实验。必须确定、获取和探索数据需求，以了解其有用性并识别可提高数据质量和及时性的其他处理要求。模型训练是迭代的过程。为了达到可接受的准确度水平，数据科

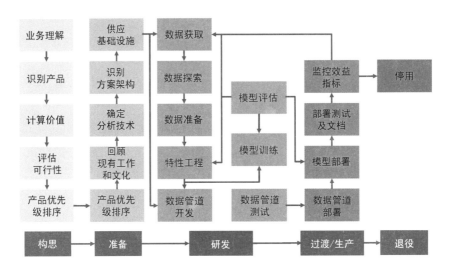

图 4-5　数据科学生命周期

学家会试验多个数据源、数据特征、算法以及使用超参数调整算法。试验活动给产品开发过程带来了新的不确定性。

　　过渡/生产阶段实施研发分析。可扩展的代码和数据管道部署在生产环境和监控设置中。监控不仅需要测量模型性能，还要测量流经管道的数据分布，因为糟糕的数据质量或数据分布变化会降低一个优秀模型的整体表现。对构思或初始阶段确定的关键绩效指标（KPI）进行测量，以验证模型成效。在某个时间，产品有必要进入退役阶段，使模型和管道退役，可能因为最初的试验失败了，或者它没能产生可证明的维护工作合理性的效益。

敏捷 DataOps 实践

　　数据科学与分析很复杂，没有一招获胜的法宝，只有价值观和原则可以指导我们如何最大限度地提高成功的机会。DataOps 没有特定的敏捷框架、实践集、组件或角色。尽管如此，与其发明新的工作方式，不如适应现有行之有效的实践并按需把它们结合起来。以下是符合 DataOps 原则且行之有效的敏捷实践，但都是非强制性的，如果发现它们没有带来附加价值，就请不要使用它们。各种敏捷框架并不相互排斥，采用什么实践取决于情境和上下文。只要坚持 DataOps 的价值观和原则，就可以探索出替代方案。

构思

亨里克·克尼伯格（Henrik Kniberg）提出了敏捷和精益开发的著名隐喻，将其视为汽车的滑板，而不是汽车的一部分[11]。然而，敏捷不仅仅是迭代式产品开发。团队之间的协作是基础。防止数据科学家和组织其他成员之间不一致的起点是构思（Ideation），这是项目生命周期的第一个阶段。

SAFe 实践确保产品组合与组织的目标保持一致，并从组织的利益相关者处获得持续反馈。敏捷软件开发中的协作涉及业务利益相关者和敏捷开发团队，而数据分析则需要三个团队进行协作，包括数据生产者、数据消费者和业务利益相关者。

组织高管、数据分析管理人员、企业架构师以及数据供应（如数据工程或 IT 运营）团队的领导，协作创建一个虚拟的精益项目组合管理团队（LPM）。LPM 就战略主题达成一致，通过"吸引年轻人"或"确保合规性"等简单陈述，使分析项目组合与组织战略保持一致。

战略主题激发了项目组合愿景，该愿景根据组织目标详细说明了预期未来状态和当前状态之间的差距。填补差距的举措被称为史诗（Epic），这些史诗以简短的形式表达业务和技术推动者实现未来状态所需的重要想法。每个史诗代表着大到足以满足 MVP 定义、需求分析或需要财务批准的计划。

这些史诗中的新想法可以出自任何来源，并进入史诗看板的构思列，这个看板的目的就是将过程中的状态可视化，如图 4-6 所示。

史诗看板（Epic Kanban）					
构思	**可行性**	**分析**	**待办事项列表**	**开发**	**完成**
无限制	有WIP限制	有WIP限制	无限制	团队WIP限制	无限制
大的构思： ●新产品&功能创造机会 ●客户体验增强 ●商业效能提升 ●提升现有解决方案	●史诗假设陈述 ●粗略评估工作量 ●效益评估 ●优先级矩阵	●研究替代解决方案 ●优化成本效益 ●定义MVP ●开发测量计划 ●按优先级排序	●LPM选择要开发的史诗 ●持续进行史诗优先级排序	●史诗分解为工作项、故事或任务 ●团队有能力时开始开发史诗 ●史诗跟踪	●对比测量到的收益与计划收益 ●停止或坚持所做的决定

图 4-6　史诗看板状态

根据不同史诗实现产品组合愿景的潜力，把它从构思列移到有 WIP 限制的可行性列。可行性阶段应尽可能短，其目的是阐明史诗内容、确定相关的经济效益和风险，以确定是否值得进入分析阶段。史诗假设陈述阐明了将解决的问题、如何衡量、需要参与的其他团队及其数据和非功能需求（NFR）。NFR 指定系统的质量属性，如性能、安全性和可靠性。图 4-7 显示了该假设的模板结构示例。

史诗（Epic）假设陈述		
结构	描述	示例
实现	[战略主题目标]	合规性目的
通过	[目标组合的愿景成果]	改进反洗钱（AML）风险评估
为	[客户]	洗钱报告员（MLRO）
用	[解决方案建议]	应用机器学习自动监控客户交易数据以识别异常从而进行调查
结果是	[预期效益]	降低罚款风险
用什么衡量	[指标]	反洗钱处罚对同行的价值
与谁合作	[其他团队和参与者]	合规和IT团队
整合	[数据源和数据类型]	金融交易和客户身份数据
要求	[非功能性需求]	可扩展以适应交易量，可靠性99.99%

图 4-7　史诗假设陈述示例

每个史诗的工作量和效益可以用多种不同的方式来估计。然而，在缺乏定性或定量依据的情况下，复杂的基于公式的方法（如财务分析）可能导致精确度和置信度误差。更直接的估算方法是使用相对点，而非实际的金钱或时间单位。敏捷的故事点概念适用于估计斐波那契数列格式故事的相对工作量，也适用于计算史诗工作量和收益。

然而，即使是相对估计也很困难，应该尽可能多地使用利益相关者的专家意见以达成共识。史诗的投入和收益有助于计算加权最短工作优先级（WSJF），这是一个通过将延迟成本除以投入来对工作进行排序以获得最大经济效益的模型[12]。延迟成本的计算不仅包括延迟的收入影响，还包括延迟的时间紧迫性，以及史诗的风险降低或机会实现价值。

与软件开发不同，投入和经济收益只是数据科学任务优先排序所需的两个主要因素。许多数据科学产品无法投入生产提供更好的决策或创造可衡量的结果，是因为利益相关者缺乏兴趣或能力、数据质量差、解决方案体系结构不足以及缺乏效益衡量。这些额外因素也可以纳入史诗优先级矩阵进行统筹考虑，如图 4-8 所示。

史诗优先级矩阵提供了对风险、有助于推动各项史诗的能力建设，以及管理利益相关者优先级的额外洞察。这些额外因素与 WSJF 一起，帮助 LPM 决定当分析列有空闲容量时，应移入哪些史诗。

主题	史诗	利益相关者的能力/兴趣	数据有效性/质量/完整性	现有解决方案架构能力	效益衡量能力	工作量	延迟成本
确保合规	识别异常交易	20/2	20/20/8	2	13	20	13
	敏感内容分类	20/5	2/8/5	1	5	20	8
提高客户黏性	计算客户流失概率	8/20	8/13/8	13	20	5	8
	计算客户生命周期价值	8/13	8/8/8	13	13	8	13
提升客户服务	优先处理客户投诉信息	5/13	8/5/5	8	13	8	8

图 4-8　史诗优先级矩阵示例

准备

进入分析列的每个史诗都被分配一个所有者。史诗所有者（Epic Owner）是数据分析的领导者，负责通过看板管理史诗的进度。如果是一个使能器而不是一个业务史诗，那么所有者可以是一个技术专家，比如解决方案架构师。史诗所有者与利益相关者合作，对延迟和有风险的工作及成本进行更彻底的分析，使用基于精益理念的设计原则探索替代解决方案和体系结构，确定数据源，定义 MVP，并制定 KPI 监控和测量计划。愿景文件（可以是精益业务案例、项目、章程、业务画布或概要愿景声明）捕获关键信息，LPM 审查愿景文件，如史诗获得批准则进入待办事项列表，待团队有能力时实施。

一旦史诗被拉入相关团队的待办事项中，史诗所有者将帮助团队把这个史诗拆分为数据产品的功能，这些功能可能包括通过机器学习模型进行可视化或准确预测，以及潜在的可重用组件，如基础设施、软件库和数据管道。这些特性和组件将被拆分为进一步的工作、项目、故事或任务，这取决于团队打算使用哪个敏捷框架来交付史诗。一旦这项工作完成，团队就可以开始研发了。

研发

"持续满足客户需求"的 DataOps 原则意味着应该首先交付最小可用产品（MVP），以尽快验证史诗的假设。MVP 应该包括"足够好"的端到端框架的可用数据管道和分析，以便在潜在最终用户面前获得一些信息，并衡量他们的反应。其目的不仅仅是向客户学习，而是尽早证明体系结构和数据管道是合适的，以降低未来风险，并避免数据科学家在没有客户价值的模型上浪费时间。

在研发阶段，DataOps 团队可以选择各种敏捷框架来交付 MVP 及未来的迭代。例如，团队可以使用 Scrum、Scrum/XP、看板或 Scrumban。看板是数据分析的首选框架，相对于 Scrum 和 Scrum/XP 更有优势，因为它能更好地应对数据科学和数据分析开发的不确定性，以及处理不同规模问题、不同层次利益相关者时的灵活性。

对数据科学项目管理的有限的学术研究还表明，看板产生的结果比 Scrum 更好[13]。研究结果表明，Scrum 鼓励团队深入分析，而不是花足够时间去理解客户需求或数据。使用 Scrum 的团队还发现，足够准确地评估任务从而让他们有信心在冲刺中完成任务，本身就是一项挑战。

Scrumban 也是一个框架选项，它和 Scrum 一样基于团队，而不是像看板那样基于工作流。Scrumban 和 Scrum 需要跨职能团队，这些团队混合了数据工程、数据科学、数据分析或其他自组织所需的技能。能够在整个数据科学生命周期自给自足的跨职能团队是非常让人向往的，但这可能并非从最开始就适用于所有组织。

尽管 Scrum 和 Scrum/XP 作为交付数据分析的框架存在挑战，但它们包含了支持 DataOps 原则的实践。DataOps 质量至上的原则意味着应该采用 XP "测试优先编程"这个实践背后的思想，并增加测试工作，以便在数据中的错误流向管道之前就捕获它们。DataOps 日常交互的原则通过每日 Scrum 会议或每日看板会议来实现，以帮助团队协调当天的活动。定期回顾确保团队成员能够花时间去反思他们的工作，并通过可持续地解决瓶颈找到缩短周期的方法。通过让利益相关者参与每日或每周的会议和回顾，数据分析团队可以提高透明度、共享中间输出、同步改进、完善业务领域知识并获得对业务目标的反馈。

过渡/生产

数据管道是在研发阶段开发出来的，因此在构建数据管道时应考虑到向生产环境的过渡。监控、基于策略的治理、安全性、数据血缘跟踪、弹性可扩展和自动化部署需要尽早构建到管道中。分析环境的构建还必须考虑到生产环境，例如，应避免研发和生产使用不同的语言和库，以防重新编码。

为了持续交付以满足客户需求，DataOps 需要在尽可能短的时间内生产数据管道和完成分析的能力。从以往经验看，这是一个挑战，涉及许多手动步骤和许多团队，但现代工具和体系结构已经发展到可通过自动化自助服务来交付端到端流程。

一旦研发的数据管道和分析满足 MVP 要求并成功通过测试，它们就可以作为数据产品部署到生产环境中。通常，这个数据产品是其他产品团队开发的产品或应用的一个功能。这种并行开发使团队之间产生了依赖关系。因此，为了避免断开待办事项间的关联，数据分析团队必须在过渡阶段的产品团队会议上更新各自的进展，从而在时间安排上实现协作和协调。

初始部署通常只是对一部分用户的部分部署。部分部署降低了运营风险，并能通过对 MVP 开放用户及未开放用户的比较来计算利益衡量 KPI。当捕获到足够的数据时，度量计划用于决定是启动另一个研发迭代以优化管道和分析，还是放弃它并进入另一个史诗。然而，即使对数据产品做了优化，生产也不是一个一劳永逸的过程。持续监控和效益度量可能会触发进一步的维护迭代，从对数据质量的小规模调查到从头开始的全面模型研发都有可能。

专注敏捷实践中的持续流程应该会改善近期结果，但重要的是不要忽视维护、新技术和技术投资对中长期机会的促进。有几种敏捷实践可用于确保良好的时间管理。XP 提供了松弛和尖峰的实践。SAFe 有 IP 迭代和护栏的概念，第一道护栏保护了评估、新技术、投资/开采和退休投资期的资源预算分配，应对范围进行规划，确保不把所有努力都投入到近期投资/当下时间范围内，以免因忽略创新而产生长期风险。第二道护栏保证了把资源以固定的百分比分配到新开发、技术支持、维护和减少技术债务上面。

总结

数据科学可能是高度迭代、不可预测的，因为在找到可接受的解决方案之前需要探索许多数据源、数据特征、模型算法和架构。这种不确定性使预测型项目管理变得困难，但这并不是许多数据科学团队采用临时交付方法的借口。非正式的数据科学项目管理方法缺乏与组织利益相关者和其他团队的协调或协作，它将重点放在算法和洞察上，而不是可以快速生产每天为组织增加价值的产品上。

敏捷实践可以通过支持 DataOps 价值观和原则为数据科学实践提供方法。然而，正如软件开发没有完美的敏捷框架或实践集一样，数据科学也没有唯一的最佳敏捷实践集。正确的实践是特定于环境和组织的，能帮助数据分析团队变得更具适应性和协作性，并加强反馈循环以产生更快、更好的结果。要将敏捷和精益思想成功应用于数据分析，还须观察、不断实验和调整。下一章介绍有助于调整和改进绩效的措施及反馈。

尾注

［1］ Russell Jurney，Agile Data Science，2.0，June 2017.

［2］ Stack Overflow，Developer Survey Results 2018，January 2018. https：//insights. stackoverflow. com/survey/2018#development-practices

［3］ Agile Manifesto，Agile Alliance，February 2001. www. agilealliance. org/agile101/the-agile-manifesto/

［4］ 12 Principles behind the Agile manifesto，Agile Alliance，2001 www. agilealliance. org/agile101/12-principles-behind-the-agile-manifesto/

［5］ VersionOne 12th Annual State of Agile Report，April 2018. https：//explore. versionone. com/state-of-agile/versionone-12th-annual-state-of-agile-report

［6］ Corey Ladas，Scrumban-Essays on Kanban Systems for Lean Software Development，January 2009.

［7］ VersionOne 12th Annual State of Agile Report，April 2018. https：//explore. versionone. com/state-of-agile/versionone-12th-annual-state-of-agile-report

［8］ A hybrid toolkit，Disciplined Agile，www. disciplinedagiledelivery. com/hybridframework/

［9］ Scaled Agile Framework，www. scaledagileframework. com/#

［10］ The DataOps Manifesto，http：//dataopsmanifesto. org/

［11］ Henrik Kniberg，Making sense of MVP（Minimum Viable Product）- and why I prefer Earliest Testable/Usable/Lovable，January 2015. https：//blog. crisp. se/2016/01/25/henrikkniberg/making-sense-of-mvp

［12］ Don Reinertsen，Principles of Product Development Flow：Second Generation Lean Product Development，May 2009.

［13］ Jeffrey Saltz，Ivan Shamshurin，Kevin Crowston，Comparing Data Science Project Management Methodologies via a Controlled Experiment，Proceedings of the 50th Hawaii International Conference on System Sciences 2017.

第 5 章

构建反馈和度量

没有哪个数据分析专业人员每天早上一进办公室就想：我要把时间和精力花费在不产生任何价值的东西上，反正花的是老板的钱！尽管大家最初的目标都是好的，但许多数据分析项目最终还是失败了，或者需要花费比预期更长的时间才能产生积极的结果。这个时候，指责数据工程师、数据科学家和数据分析师是毫无意义的。根据爱德华·戴明（Edwards Deming）的说法，"为获得期望的结果，每个系统都进行了完美的设计"，"人们工作的系统与人的互动可能占到绩效的 90% 或 95%。"[1]

然而不幸的是，在大多数组织中，总是有要求完成更快、做得更多的绩效压力，但却很少有要求停下来进行反思并提高效率的动力。武断地设定年增长目标（好像去年人们工作得不够努力似的）是一厢情愿的想法，只有监控并改进工作系统才能实现生产力和客户利益的持续增长。

系统思维

大多数时候，人们以线性因果关系的方式思考问题。例如，按一下开关，灯泡就会亮起来。线性思维在解决简单问题方面非常有效，然而，大千世界更多是由人和物之间复杂的相互关系组成的，由于存在始料未及的副作用和反馈回路，所以很难预测各种变化产生的影响。

世界就像一个系统，它是由一组复杂事物连接而成的组件集合。组织也是一个系统，包括团队、层级结构、技术、流程、政策、客户、数据、激励、供应商和惯例等组件。数据分析也是一个系统，它与组织中的其他系统相互作用并提供支持。

系统思维的重点是理解一个系统的组成部分如何相互关联，如何随着时间的推移而工作，如何与其他系统互动，以确定模式、解决问题并提高业绩。敏捷思维和精益思维是系统思维的典型子集。敏捷思维旨在使系统更容易适应不确定性，而精益思维则是致力于将浪费从系统中剔除。

持续改进

数据分析团队可以通过多种方式改进系统，以实现用正确的方式交付正确的内容。系统思考需要一种严谨的方法来彻底检查问题，并在得出结论和采取行动之前找出正确的问题。最常见的改进方法之一是通过迭代实现持续改进。戴明提出的计划-执行-研究-行动（Plan-Do-Study-Act，PDSA）循环是团队实施持续改进的常用方法。第一阶段是计划，重点是明确改进目标和潜在的改进需求，并制定实施计划来实现它；第二阶段是执行，包括对改进进行实验并收集过程中产生的数据；接下来，研究结果并与预期结果进行比较，验证计划是否成功；最后，如果实验成功，就采取行动实施改进，并创造一个更高的绩效基线。在 PDSA 循环的每一次迭代中，都有机会持续改进流程或获得知识。

精益变革管理周期是基于埃里克·里斯（Eric Ries）的思想而提出的另一种改进方法——精益创业。精益计划周期从洞察开始，也就是花时间观察当前的情况以发现问题。接下来是确定备选方案，这些方案是对相关成本和收益的改进假设，以最小可行变化（MVC）形式转化为实验，以测试改进是否有效。实验有一个子循环，第一步是准备，也就是计划阶段，用于验证来自受变更影响人员的假设；第二步是引入，也就是将 MVC 纳入流程，并允许其运行足够长的时间，以产生足够的数据来判断变更是否成功；最后一步是回顾，这个时候团队经过有效的学习过程，可以决定坚持哪些有效的变更，放弃哪些无效变更。

使用 Scrum 的团队遵循不同路径以实现持续改进。Scrum 应用了经验过程控制理论，该理论认为通过对输入和输出的观察、不断的实验和调整，可实现对未定义和不可预测系统的控制。它在 Scrum 中的应用依赖于三个支柱——透明、检查和调节。透明指让每个人看到所有信息，无论信息是好是坏，在 Scrum 中，这些信息来自待办工作的优先级和信息发射源。检查要求团队中每个人都参与评估过程、产品和实践，以确定改进的机会，而调节则涉及做出改进的改变。检查和调整通常通过冲刺计划、每日站会、冲刺审查会议和冲刺回顾会来实现。

团队还可以实施一些其他数据驱动的改进周期模型。在提出 PDSA 技术之前，戴明根据统计学家沃特·休哈特（Walter Shewhart）的思想，创建了"计划-执行-检查-行动"（Plan-Do-Check-Act，PDCA）循环。丰田公司在 PDCA 的基础上，在计划阶段之前增加了一个评估现状的初始步骤，从而开发出了"观察-计划-执行-检查-行动"（OPDCA）循环。美国空军上校约翰-博伊德（John Boyd）设计了"观察-定位-决策-行动"（OODA）循环，以帮助在模糊、不确定的环境中学习和适应。另一个常见的数据驱动改进周期是"定义-测量-分析-改进-控制"（DMAIC），它在使用六西格玛的组织中很受欢迎。六西格玛是一套流程改进技术。

尽管以上模型存在一些差异，但所有持续改进技术的思想都有一个共同理念，即它们都是建立在科学方法之上形成的。这个理念来自系统反馈有助于确定潜在改进的假设，通过实验来确定可能改进的有效性，并根据明确的结果进行衡量。成功的理念被实施，无效的理念被抛弃。图 5-1 显示了实验循环和科学方法是如何围绕一个系统来提供持续改进的。

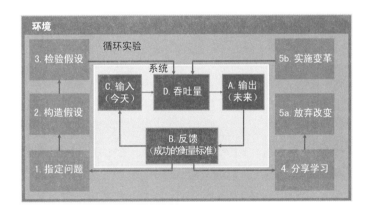

图 5-1　持续系统改进的科学方法

通过采用系统思维观点、收集反馈，并结合科学方法进行持续改进，可以更容易地实现 DataOps 的一些原则，如持续满足客户、反思、质量至上、监控质量和性能改善周期时间等。

反馈循环

精益和敏捷思维提供了适应变化和快速交付的能力，但也需要有适用性。适用性是指确保在正确的方向上改变并与客户保持相关性的能力。为了确保数据分析系统以正确的方式提供正确的内容，并朝着正确的方向发展，就需要第一时间对绩效进行反馈。反馈是系统思维的基本要素。例如，在线性思维中，为一个落后于计划的项目增加更多人手来赶工似乎是个好主意，但系统思维可能会显示出与之截然不同的情况。历史经验表明，为了跟上项目进度而采取的增加人工的方式，效果甚微，甚至会适得其反。因此，应该考虑不浪费资源的其他替代解决方案。

反思是 DataOps 的第八个原则。数据分析团队通过定期对客户、自己和运营统计数据所提供的反馈来进行自我反思，以微调其运营绩效。所收集的反馈指标可以有多种类型，但必须涵盖改善数据分析系统所需的各种反馈指标。

组织教练马特·菲利普斯（Matt Philips）提出，知识工作由两个维度组成，其中内部和外部观点是一个维度，产品和服务交付是另一个维度[2]。菲利普斯使用餐厅做了一个形象的比喻：外出就餐时，顾客关心的不仅是产品本身（食品和饮料），还包括食品和饮料的交付方式（服务交付）。员工也关心产品和服务，但是，从内部的角度来看，他们希望食物的质量始终如一，原料被正确存储，并且每个人都能作为团队一员愉快合作。图 5-2 显示了两个层面和每个象限的反馈需求。

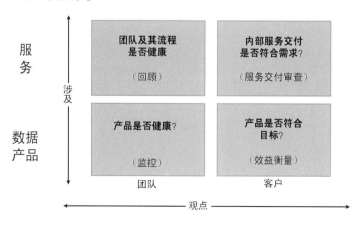

图 5-2 知识工作的两个层面

反馈和测量通过回答每个象限中的问题帮助我们做正确的事和正确地做事，包括：产品是否健康，团队是否健康，产品是否符合目标，以及服务交付是否符合需求。

数据产品的反馈回路很容易理解。可以设置一些衡量指标，如流程处理的时间、数据质量的问题、模型预测的准确性或收入的提升等，然后通过改变和观察结果进行实验。服务的反馈回路则更难理解和实施。然而，所有的知识工作都是一种服务，而组织是服务的网络。IT 服务台为计算机用户提供服务；平面设计师和内容团队为市场营销、公共关系和网站开发团队提供服务；人力资源部门为管理者和员工提供服务。服务的交付包括两个观点：首先，从服务团队的内部视角描述他们的服务有多好；其次，从客户的外部视角来描述交付服务的适用性。

数据分析不仅涉及最终的数据产品，而且是客户服务的一种。数据工程师为数据分析师和数据科学家创建数据管道，以开发数据产品，如数据仪表板和机器学习模型等。数据产品被"组织内部客户"进一步用于决策，或者其他团队将其嵌入面向消费者的产品中。收集服务反馈会鼓励数据科学家和数据分析团队思考业务目标，而不仅仅是 ETL 管道和模型算法的技术实现。

团队健康

组织对数据分析团队的投资有很多方式，比如为他们购买最新的 MacBook Pro，提供免费的食物和啤酒，送他们去参加会议，给他们提供比竞争对手更高的薪酬，或者把他们安置在一个时髦的办公室等激励措施。这些福利可能有助于留住员工，但不会使团队的工作效率显著提高。

雇主们乐于走捷径，为表面上的福利提供资金，但不愿意投资于痛苦的变革，以使团队更有生产力、让团队发挥影响力，从而获得工作的满意度。要问什么是需要改变的，最好的人选是数据科学家、数据工程师和数据分析师自己，因为他们天生就是复杂问题的解决者。然而，管理者需要培养在正确时间以正确方式提问的能力。

回顾

通过大型项目进行传统的组织变革可能需要花费很长时间，而且往往收效甚微。敏捷回顾的实践允许 DataOps 团队能够反思他们的工作方式，并在其工作中不断改进。敏捷回顾会议是为了从最近发生的事情中吸取教训，确定改进的行动。团队拥有敏捷回顾的权利，在回顾会上商定并执行这些行动，因此，不存在责任的移交。回顾会中的行动会被传达，并被添加到团队的待办事项中，与其他工作一起执行。

人们通常不会在工作中停下来进行反思，尤其在忙碌不堪的时候。冥想不是一种自然的活动，这就是为什么要将一种行为形式化并使之成为一种仪式的原因。在组织的不同层面进行定期回顾有助于实现持续改进，而不至于产生局部优化和脱离组织目标。每两周一次回顾会，重点关注团队的工作项交付、以客户为中心的指标、交付周期和质量。每月回顾与每两周回顾的重点相同，但回顾范围扩展到整个团队，目标是优化整个团队。季度回顾侧重于战略主题和项目组合愿景，以审查和调整史诗（Epic）的交付，确保仍然在做正确的事情。

遵守一些规则可以让回顾更加有效。团队必须寻找可以自己定义和完成的行动。回顾必须侧重于学习和理解，避免互相指责的内耗。问题和行动项目的数量应该限制在最关键的约束条件上，并通过根因分析来探究问题的原因，而不是只找到症状。团队应该跟踪和评估行动的进展，以理解为什么有些活动有效，而有些活动无效，这一过程称为双循环学习。

健康检查

单一的回顾性活动并不能总是带来最好的结果，因此，应该根据手头的问题和团队的心态来使用不同的活动。确定重点改进领域和选择有效回顾性活动的方法是进行健康检查评估。Spotify 的团队健康检查模型拓展了这个评估方法[3]。通过月度或季度研讨会进行团队健康检查评估，使团队能够根据多个属性来讨论和评估其当前状态。

健康检查研讨会是一次长达一小时的促进性面对面对话，围绕着不超过 10 个团队进行健康属性展开。对于每个属性，团队试图从三个层面对其状态达成共识或多数一致。RAG（红/黄/绿）状态，大拇指向上/横向/向下，或微笑/中性/悲伤的脸，都是将等级可视化的方法。

红色、拇指向下或悲伤脸表示该属性需要改进，团队已经不健康了。黄色、横向拇指或中性脸表示该属性需要改善，但远不是灾难。绿色、大拇指向上或笑脸的状态表示团队对该属性很满意。讨论要简短，但必须了解每个人为什么选择了这个评级，因为到目前为止还没有解决任何问题。图 5-3 显示了健康检查评估的示例。

健康检查不是对个人和团队进行评级或评判的方法。相反，它是重点改进的基础，是对

团队健康检查		
属性	**描述**	**状态**
均衡型团队	团队规模合适，拥有合适的技能，每个人都知道对他们的期望。	😊
价值与指标	成功是明确定义和衡量的。	😐
共同理解	团队有着共同的愿景。他们知道自己为什么在这里，以及要去哪里。	😊
学习	团队一直在学习有趣的事情。	😊
团队合作	团队成员协作、自我组织、分享见解以提高效率，并相互信任。	😊
速度	团队可以快速完成工作。	😞
决策	决策是在正确的级别做出的，团队具有适当的影响力。	😐
支持	团队能够从其他团队获得正确的支持，也被其他团队视为支持。	😐
乐趣	团队很充实，积极进取，并为他们的交会感到自豪。	😐
交付过程	团队对他们的实践感到满意，了解风险，对他们的质量感到自豪，并且易于完成任务。	😐

图 5-3　团队健康检查评估示例

管理层的反馈，是对团队随着时间演变的记录。团队可以自由增加、删除或改变问题，以涵盖他们认为最重要的内容。

一旦每个属性被分配一个状态，团队就会选择一到两个需要改进的属性作为回顾性练习的重点。在互联网上快速搜索一下，就会发现许多为解决特定类型问题而定制的回顾性练习。以下是三个简单活动的示例，它们需要的准备很少，适合任何团队，并广泛适用于各种问题。

海星回顾

如图 5-4 所示，海星回顾模型首先在挂图板或白板上画一个由五条线围成的圆圈，其中有五个单词。

画完图后，团队开始通过头脑风暴集思广益，把 Stop 的想法记录在便条上。Stop 是指那些没有给团队或客户带来价值，反而带来浪费的活动。一旦每个人都把想法放置在图中的相应部分，团队就应花 10 分钟讨论和整合这些观点。然后针对 Less 重复这个过程，Less 是指那些收益很少，但需要花费大量精力的活动。接下来，团队转向 Keep，这是团队想要继续保留和探索的实践和活动。Keep 之后，团队继续进行 More（团队应该更聚焦和更常进行的活动），最后以 Start 结束（想要引入团队中的活动或想法）。

通过遵循这个过程，团队可以很好地了解哪些活动是有效的，哪些是无效的，以及哪些

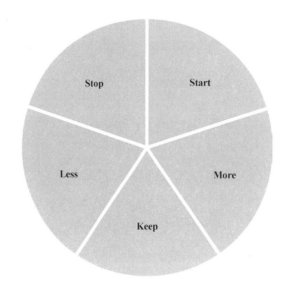

图 5-4　海星回顾图

是需要改进的。在最后一步，团队投票选出最重要的一个倡议，然后将该倡议转化为工作项，并添加到团队的待办列表中，与其他工作一起交付。

帆船回顾

帆船回顾是对卢克·霍曼（Luke Hohmann）设计的快艇创新游戏的改编[4]。帆船练习开始时，在挂图板或白板上画出帆船、岩石、云彩和一个岛屿，如图 5-5 所示。

图 5-5　帆船回顾图

帆船是一个团队朝着目标前进的隐喻（以一个岛屿为代表）。风象征着有助于推动团队的动力，锚象征着阻碍团队前进的障碍，而岩石象征着可能阻止团队实现目标的风险。

主持人将团队的目标写在图片上，并要求他们想一想，哪些因素可能会拖累它，哪些因素可以推动其前进，以及未来可能面临的与目标有关的风险。团队将他们的想法记录在便签上，便签放在船的上方或下方，表示风、锚或岩石。一旦每个人都分享完自己的想法，就让一个团队成员把便签分类并指定标签。团队一起讨论分组情况，并在必要时进行调整。当团队达成共识后，开始考虑如何继续在风区练习。最后，团队投票决定在锚和岩石中最需要解决的标签组，以便能对问题进行根因分析，并确定解决问题的步骤。

事前检验

我们经常回顾那些出了糟糕状况的项目，并问自己，到底发生了什么？我们进行回顾和事后分析，试图解释到底是如何失败的。但是，在项目失败后再讨论解决方案，这本身就是不合适的。事前检验（Premortem）是由加里·克莱因（Gary Klein）开发的一种事前控制的回顾练习，在一项工作开始时假设其失败的原因，并在失败发生之前减轻其影响[5]。事前检验是对项目成功的宝贵投资，但却没有得到充分的利用。

我建议至少留出 90 分钟不受干扰的时间进行面对面的会谈。尽管这个时间看起来很长，但请记住，上次灾难"袭击"项目的时候，收拾残局花了多长时间。邀请所有重要干系人参加事前检验。注意，如果没有邀请正确的人，就会不可避免地出现盲点。

在事前检验时，想象项目已经失败，带着遗憾去想本可以做得更好的事情，并对所发生的事情感到难过。这可能看起来很戏剧化，但这个过程确实有助于思考。最初的 45 分钟里，在白板或墙上贴上一张便签，写上每一个有可能发生、使项目脱轨的问题，哪怕只有微乎其微的可能性。

而且，让每个人都专注于便签上的问题。在这个阶段，没有问题是不允许的（即使是令人不安的事实）。应严格禁止提出解决方案，因为它们会影响团队将每一个问题公开出来。

在每个人都列出失败的原因后，小组会将这些原因进行分组，归纳为类似的主题，然后，团队投票确定项目的前三大风险。投票应该集中在可能发生的最关键问题和团队可以控制的问题上。用最后的 30 分钟，为这三个问题制定主动预防性解决方案或备用计划。最后，将行动和责任分配给团队成员，否则，风险将无法得到缓解，从而导致问题无法解决。

服务交付

团队健康检查和回顾性分析有助于分析团队更快发展，但对于分析团队来说，了解内部客户是否认为他们的服务交付符合要求同样重要。通常情况下，对利益相关者来说，对分析团队响应能力、交付能力和同理心的信任与产品本身的健壮性和效益是同样重要的。

服务交付审查会议

服务交付审查会议应该是分析团队的例行会议，以便与内部客户讨论他们在满足服务交付预期方面的情况。虽然它起源于看板节奏（Kanban Cadences）——大卫·安德森（David Anderson）提出的一系列双向沟通会议，但它并不局限于看板团队或大型组织[6]。这种讨论能够就速度和各种权衡达成合作协议，同时最大限度地减少对需求和期望的误解。

会议的频率可以是每周、每两周或每月一次，但会议间隔时间越长，就会因为缺乏反馈而增加无法满足客户期望的风险。议程应该是数据驱动的，包括度量指标，以免变得主观，并允许随着时间的推移跟踪改进。而且，会议也是一个分享相关反馈的机会，间隔太久就会错过这些反馈，例如，来自呼叫中心或其他一线员工的用户调查。

量化指标应该从客户的角度关注分析团队的交付。通常，客户感兴趣的是团队交付的速度有多快，是否可以在最后期限前交付，如何告知他们进度情况，如何降低交付风险，团队承担的工作组合，以及解决新工作相关问题所花费的时间。衡量客户关注的相应指标包括交付周期、交付时间、分配给不同工作类型的百分比、截止日期的绩效、受阻或延迟的项目数量，以及由于错误或沟通不畅造成的返工率等。

这些措施构成了讨论与客户期望相比的不足之处（如果有的话）的基础。基于这些措施，用根因分析法来分析差距，并对分析团队的工作方式做出改变，以提高他们在客户眼中的能力。记住：讨论是双向的，这一点很重要。因此，并非所有的客户期望都是合理的。会议也是一个请求客户支持的机会，例如，要求客户更快地回答问题或提供支持，以便在组织的其他地方升级和解决阻碍。最终，服务交付审查应该建立信任，改善分析团队和客户之间的关系。

表面看起来回顾会议和服务交付会议占用了本就不够用的时间。然而，这些并不是传统上低效率的商业会议。它们有明确的议程，需要积极参与，并以增值的行动结束。虽然这些会议需要时间，但服务交付审查会议和根据反馈采取的行动，可以节省那些浪费在不良流程和误解上的时间。为了减少开销和阻力，建议在日程表中增加新的时间段之前，将这些实践合并到已经安排的会议议程中。与所有持续改进的方法一样，频率、持续时间和出勤率应该随着时间的推移而调整，让事情顺利推进，从而使其成为每个人的习惯。

改进服务交付

成功的服务交付审查需要数据来为讨论提供信息并跟踪改进。建议从跟踪简单的指标开始，如在制品总量（WIP）、阻碍项目进展的障碍、吞吐量、交付周期和截止日期等。

在制品总量是指所有已经开始（由任何人）但尚未完成的任务个数。作为基本检查，将在制品总量除以团队成员的数量，得到每人的平均值，然后评估数字是否合理。这个衡量方法通常让人大开眼界，因为人们意识到他们的工作远比他们想象的多得多。随着能更好地管理在制品，你将开始看到这个组件的数量在减少。一项任务受到阻碍无法向前推进，也许是因为你在等待来自外部的信息，没有信息就无法继续。记录任务在流程中被卡住的频率、时间以及位置等信息是一个好主意。将阻碍因素分为外部和内部原因，然后进一步划分为子类，如等待系统访问、等待审查、等待测试等，对这些子类进行优先级排序，以便进行根因分析和解决方案的实施。

交付周期是指待办事项从请求或加入团队起到完成工作所需的时间，因此，记录任何新工作项的开始日期，并计算本周完成项目的平均交付周期。应减少系统中的队列规模，以缩短平均交付周期。对于有截止日期的项目，记录这些日期的完成情况和所有失误的成本，并与可接受的成功率进行比较。吞吐量是指每个周期内完成的项目数量。在每周结束时，记录完成的项目数量。每周跟踪这个数字，看看所做的改变如何影响工作的完成情况。

服务交付指标跟踪团队通常不会讨论的度量以提高透明度。你可能会发现，客户并不清楚分析团队所面临的阻碍有多少。也可能是分析团队想要做的事情太多，而客户希望他们优先在截止日期内完成高优先级的项目。这些只是服务交付指标可能揭示的部分重要问题。

产品健康

在生产环境中完成包括数据管道在内的数据产品部署，并不是旅程的终点，而是一个过程的开始。数据产品是数据和代码的组合。为产品提供的数据可能会随着时间的推移而停止，或突然或缓慢地改变。而且，代码的更改（如对机器学习模型或 ETL 管道的更新）也会无意中降低性能。随着时间的推移，数据中潜在关系的变化（即所谓的概念漂移）可能会降低预测模型的性能或使仪表板越来越不实用。因此，监控可以检查数据产品是否符合需求，以便更新和回滚后纠正问题。

数据产品监控的 KPI

数据产品的生产系统可以分解成几个组件。首先，数据被采集存储或处于流式处理中。接下来，数据管道转换数据并将其提供给数据产品，这些数据产品在被用户或其他系统消费前会做进一步处理。每一个组件的健康状况都会影响到数据产品消费者的决策能力，所以需要设置关键绩效指标（KPI）对其进行监控。

最重要的 KPI 是数据采集和数据管道的正确性。数据产品的逻辑可能是正确的，但数据中的错误会破坏其输出，导致返回错误的结果。数据采集的正确性是指正确记录的数量占所有采集记录的比例。数据管道的正确性是指从管道输出的具有正确值的记录数占输入记录数的比例。

数据的及时性和数据管道的端到端延迟（End-to-End Latency）是重要的 KPI。组织从数据中获得价值的速度非常重要，因此需要识别出意外的瓶颈。数据的及时性是指消费者访问的数据中，更新时间超过规定阈值的比例。例如，在机器学习模型预测或仪表板指标中，及时性就非常重要。数据管道的端到端延迟是指进入和退出管道的时间超过规定阈值的记录比例。一个相关的 KPI 是覆盖率。对于批处理，覆盖率是成功处理的记录占所有应该被处理的记录的比例。对于流处理，覆盖率是指在规定的时间窗口内成功处理进入流的记录比例。

数据产品消费者也对数据产品的可用性和延迟的 KPI 感兴趣。延迟是指对数据产品请求的响应时间超过特定阈值的比例。还有数据产品本身的可用性，其 KPI 是收到成功响应请求的比例。例如，一个机器学习模型 API 可能被期望在 100 毫秒内返回响应，并且每天有 99.99% 的请求返回响应。正确采集数据的可用性对数据消费者来说也很重要。无法在数据管道中进一步处理的数据还不如不采集，例如，今天等待隔夜批处理的操作记录或冷存储中无法轻松检索的记录。数据采集的可用性 KPI 是指能够被数据管道处理的正确采集的记录比例。

还可以考虑许多其他的 KPI，但最好从一些最重要的指标入手，只有在有益的情况下才考虑增加更多指标。例如，正确执行尽管很重要，但在一个正常运行的管道中，所有的处理最终都会完成。还有，如果发生了故障，但可以在没有给用户带来太多痛苦的情况下修复，那么及时性可能也不那么重要。

数据产品监控的 KPI 和目标需要得到所有利益相关者的批准，包括负责实现这些指标的分析团队。应避免使用平均值或中位数度量，因为如果存在严重的偏差，会导致问题被掩盖。例如，一周的平均响应时间延迟 KPI 可能看起来很好，但是隐藏了使用高峰期的响应中断。相比平均值相同且没有中断的情况，这是最糟糕的，毕竟后一种情况只是一些用户的响应速度稍慢而已。相反，KPI 值的确立应是基于良好事件（符合可接受性能阈值的事件）与适当时期内的总事件的比率。

对于 KPI 来说，100% 不是一个可行的目标。尽管尽了最大努力，系统还是会失败，数据也会被破坏。将 KPI 的阈值设置在对数据消费者来说很重要的级别上，或者设置在他们开始注意到的某个点上，比如预测 API 返回响应的合适时间是 100 毫秒。将性能提高到阈值水平以上的努力可能会被忽略，也不会带来很多好处。

随着 KPI 值的增加，实现这些目标的成本也开始呈指数级增长。团队的规模必须不断扩大，以便他们有能力主动应对即将发生的问题，而且冗余的组件必须处于备用状态，以备在系统出现故障时可随时接管。在某种程度上，其成本超过了收益。过高的 KPI 值也会阻碍新的开发，因为任何更改都会带来潜在的绩效风险。通过避免变更，低于非常高的可靠性KPI 的风险就会降低，但这是以增加新效益的机会成本为代价的。

监控

DataOps 的第 15 条原则是质量至上，即分析管道应建立在能够自动检测代码和数据异常，以及配置安全的基础上，并向操作人员提供持续的反馈以避免错误。数据产品的生产系统可以包含许多组件，每个组件都有处理步骤各异的监控代码。

监控从数据采集阶段开始，采集正确的记录数与总记录数的比率给出了数据采集的正确性 KPI。而事实上，数据采集的正确性并不容易直接衡量。拒绝不正确数据的原因可能有很多，如缺失值、截断值、数据类型不匹配、重复或不符合字段类型的值。一种有效的方法是编写尽可能多的测试，并在发现每个潜在缺陷时不断增加检查，以防不良数据进入管道。这些测试有助于诊断问题发生的原因，并告知上游数据供应商，以避免问题再次发生。

数据管道的正确性也较难衡量。除了添加测试外，还有一种方法是存储具有代表性的测试输入数据（该数据具有已知的验证输出），并在每次更改后将其放入数据管道中。管道输出的正确记录数与输入记录数的比例，可作为数据管道处理正确性 KPI。

通过在数据上添加带有主要处理步骤时间戳的水印，来计算数据的及时性和数据管道的端到端延迟。对于及时性 KPI，每次数据产品消费者与产品交互时，可以将请求的时间与数据的最后更新时间进行比较。例如，一个工程师从其平板电脑上的应用程序请求一个机器维护时间预测 API。API 不仅可以记录请求的时间，还可以记录该机器预测的最后更新时间。消费者访问的数据更新时间超过指定时间阈值的比例即为及时性 KPI。数据管道的端到端延迟 KPI 很容易计算，只要取开始和结束处理时间差，并计算在约定阈值下经过的比例即可。

数据覆盖率 KPI 的计算是非常简单的，数据管道把进入管道的记录数量和成功处理的记录数量导出即可。数据产品的可用性和延迟 KPI 的计算在很大程度上取决于应用程序。理想情况下，数据可能已经存在于服务器日志或现有的应用程序监控仪表板中，否则必须从头开始测量。

手动监控 KPI 是行不通的。检测异常的过程必须自动化，以便能够将人们解放出来进入更关键的领域。向生产系统的操作人员提供反馈的最佳方式是通过监控代码提供的仪表板和警报。监控代码、仪表板和警报的目的是在问题影响到 KPI，进而影响到数据产品的消费者之前，尽早地发现问题及其原因。

在外部消费者 KPI 和团队目标之间保持一个缓冲区，可以让你在问题变得严重之前做出反应。在某些情况下，变化可能是突然的，如果 KPI 没有达到，就有必要停止生产线，因为下游数据损坏和未来重新处理的成本比立即解决问题成本更大。监控还有一个好处是生成对瓶颈的反馈，从而可以删除或重构最重要的制约因素，无论是基础设施架构和能力、手动流程，还是缓慢的代码。

概念漂移

机器学习和深度学习模型从历史输入和输出的数据中学习规则，从而对新的输入数据进行预测。假设新输入和输出数据之间的关系与历史输入和输出数据是一致的，那么机器学习模型就有望对新的、未见过的数据做出有用的预测。

这种关系在某些情况下可能成立，例如，那些由自然规律所固化下来的关系（如猫的图像识别算法）。然而，诸如客户购买行为、垃圾邮件检测、产品质量与机器磨损等其他的关系，最终将演变为一个被称为概念漂移（Concept Drift）的过程。

　　解决概念漂移问题的一个被动策略是定期使用最近的数据窗口来重新训练模型。然而，由于负反馈回路的存在，在某些情况下这并不是一种好的选择。设想一下，在一个推荐系统中，特定的客户根据以前的购买行为关系看到了对产品 X 的推荐。这些客户数据现在是有偏见的，因为他们现在更有可能购买产品 X。基于这些数据训练的模型会进一步促进对产品 X 的推荐，即使在外部世界，原来的关系已经发生改变，实际上客户更喜欢产品 Y 而不是产品 X。

　　解决负反馈问题的一个办法是从模型预测中随机抽出一些实例，建立一个基线来衡量模型的性能，并为模型训练生成一个无偏见的数据集。另一个策略是使用一个触发器来启动模型更新。概念漂移的发现具有挑战性，有多种算法可以检测。一些常用的算法有：漂移扩散模型（DDM）、早期漂移检测法（EDDM）、几何移动平均检测法（GMADM）和指数加权移动平均检测法（EWMA）。

　　这些算法可以内置于对性能的连续诊断监测中，并在模型需要重新训练时发出警报。然后，可以关闭部分或所有实例的预测，以产生无偏见的数据进行再训练，避免出现负反馈循环。重新训练只发生在模型表现不佳时，所以训练的成本和预测收益的机会成本比其他两种方法低。

产品效益

　　一个健康的数据产品本身并不足以取得成功。归根结底，数据科学和数据分析的目的是做出更好的决策，改善产品创造、客户体验和提高组织效率。衡量数据分析和数据科学绩效的主要标准是这些改进的决策给组织带来的好处。持续、真实的反馈措施可以衡量数据产品是否达到其效益目标。

效益度量

　　效益度量的第一步应该在数据产品仍处于初始阶段时进行，为各种关键绩效指标（如成本的节约、收入的增加或客户体验的改善）创建一个监控和效益度量计划。第二步应该发生在数据科学生命周期的需求和研发（R&D）阶段，同时创建 MVP。数据科学家和数据分析师应该从技术和业务领域专家那里收集反馈，以评估数据产品早期迭代的各项表现。最初的反馈为数据产品是否符合需求提供了指导，并有助于设计持续可用的监控。

需求和研发阶段的离线反馈虽然非常有用，但也具有局限性。离线开发和使用实时数据在线生产之间有一些明显的区别。例如，在现实世界的生产中，硬件和数据可能不像开发环境设置的那样可靠，如因一个传感器损坏而无法提供数据。消费者的行为可能会因为数据产品产生的一个强化的反馈回路而改变，从而产生受数据产品输出影响的新数据。在某些用例中，诈骗、垃圾邮件发送者、黑客和竞争对手等也会改变他们的行为，以规避预测模型。解决方案是创建一个报告框架，能够通过衡量收益来提供对 MVP 和生产中持续迭代的反馈。

最彻底的解决方案是建立将数据产品部分部署到一个随机的消费者子集的能力，并使用 A/B 测试实验（也称为随机分配）。在 A/B 测试中，通过比较随机接触数据产品的消费者和没有接触数据产品的消费者（称为保留对照组），或与当前的最佳方法（称为冠军/挑战者实验）进行比较，来计算效益度量 KPI。统计假设测试可以验证各组之间效益度量 KPI 的差异有多大，这些差异可能是由于对不同组的差别处理或者是由于偶然性因素造成的。

A/B 测试可以扩展到两个以上的组或变量。然而，同时测量的变量越多，统计假设测试所需的时间就越长，因为它们的输入之一就是测量的观察数。各大互联网平台和营销自动化平台都具有 A/B 测试的能力，如谷歌 Optimize、Optimizely、Adobe Target、Mixpanel 和 Salesforce Marketing Cloud 等。开源的 A/B 测试替代工具包括用于前端应用的 Alephbet 和用于服务器端实现的 Wasabi 和 Proctor。

MVP 的 A/B 测试完成后，数据产品的效益测量计划应用来决定成本收益的结果是否值得再进行一次研发迭代，以优化数据管道和分析，或放弃它转向另一个史诗（Epic）。然而，除非数据产品退役，否则效益度量需要持续存在。测量基线仍然是前一组或冠军对照组。然而，与最初的 A/B 测试相比，这些组中的消费者比例可以减少，因为现在快速学习并没有效益最大化那么重要。

有时，不可能使用现成的工具来度量效益。这通常是因为工具中没有 KPI 数据，或者用于选择对照组的逻辑很复杂，需要在工具外部处理。与数据产品监控 KPI 一样，对于效益 KPI 的手工监控很快就会变得难以管理，因此需要自动化监控，并且最好在具有简单用户界面（UI）的仪表板上呈现。

仪表板除了测量 KPI 外，还需要计算统计数据，如 P 值、置信区间和显著性。为仪表板提供信息的数据存储和数据管道需要跟踪哪些消费者在实验组或对照组中，他们何时进入和退出，以及为每个数据产品要跟踪哪些指标。如果数据分析团队负责对组织中其他部门的运行情况进行度量，那么效益度量框架可以扩展到数据产品之外。

效益度量报告框架本身可以成为复杂的数据产品，此类投资对于长期成功至关重要。图 5-6 显示了效益度量的反馈回路。

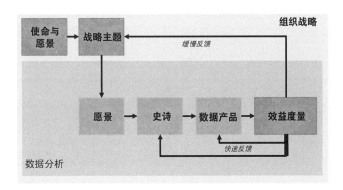

图 5-6　效益度量的反馈回路

效益度量的快速反馈有助于优化当前的数据产品，更好地估计延迟成本，学习和确定未来数据产品的优先级，并向高级利益相关者提供数据分析投资的合理性。更长周期内的缓慢反馈有助于组织了解其战略的运作情况。

效益度量的挑战

由于 A/B 测试和度量也有很多缺陷，正确度量产品效益存在技术、实践和文化等方面的挑战。要确保两组间的处理完全随机化其实是相当困难的，因为偏见来自方方面面。我曾经发现一个电子邮件服务提供商先于挑战组向冠军组发送邮件。虽然两组都有代表性，但电子邮件的发送时间意味着组间的差异并不仅仅是由处理结果造成的。

完成效益度量框架的整合后，建议先通过 A/A 测试对其进行验证，以确认度量的正确性。A/A 测试对随机对照组和实验组的处理是一样的。如果测试和度量框架运行正常，那么两组之间的测量结果应该没有显著差异。然而，如果存在明显的差异，则需要对该过程进行调查。

除了简单的关联性之外，许多组织不会去衡量其计划的效益，例如，我们执行了一项行动，同时收入增加了，那么这一定就是我们行动的功劳吗？收入增加的原因可能有很多，但可能与该行动无关。任何看过泰勒・维根（Tyler Vigen）的虚假相关性网站图表的人都知道，关联并不意味着因果关系。[7] 如果没有一个反向事实（衡量如果不采取该行动会发生什么），就很难确定因果关系。

反事实逻辑是 A/B 测试成为测量黄金标准的原因。然而，在某些情况下，出于监管、道德或信任的原因，无法通过完全随机分配客户到不同的组来区别对待他们。有时，也就没有足够的消费者或对数据产品使用情况的观察者来计算统计假设检验的稳健输出。在这种情况下，消费者的直接反馈可以帮助评估效益。

有些组织不愿意度量效益，因为他们的文化是奖励产出而不是效果。JFDI 式（只顾低头拉车，不懂抬头看路）的执行迭代，是效益度量的一个重要障碍。许多经理人也缺乏统计学知识或害怕统计学，不希望他们的决策受到自己不了解的东西的指导。在像市场营销这样的创收部门中，有一种常见但被误导的恐惧，即由于抵制组的机会成本，收益会减少。这种行为就像在赌场轮盘赌桌上把所有的筹码放在红色上，因为你担心保留筹码会减少赢利。

要打破一个不经常度量效益的组织文化是很难的。一种选择是找到楔子的细端（组织中的低风险领域）进行实验，证明可以实现的效益，然后再慢慢扩大到其他领域。另一个选择是通过尽可能多的自动化过程或使用其他测量方法来减少实验和效益度量的成本。除了随机 A/B 测试和度量外，还有许多其他选择，但统计学中没有神奇的免费午餐，只有权衡利弊的捷径。

A/B 测试和度量的替代方案

社会科学，特别是计量经济学（经济学的分支，将统计技术应用于数据的定量研究）已经开发了一套技术，用于在 A/B 测试不可行的情况下确定因果关系。最简单的方法是回归分析，这是一种测量多个变量与结果的关系的方法。例如，一家出租车公司引入了一个机器学习模型来预测对其服务的需求，从而可以灵活调整运力来增加总预订量。通过使用模型实施前后的数据，在控制所有其他影响因素（即一周中的哪天、一天中的时间、天气和事件）的情况下，对机器学习模型总预订量的使用情况进行回归，从而分离出机器学习模型的贡献。回归分析的缺陷是，可能没有使用所有因素的数据来控制模型，这就夸大了实验的贡献。

双重差分法（DID）是另一种常用的计量经济学技术。DID 依赖于对实验组和对照组之间的前后结果进行比较，该结果不完全相同，但显示出平行趋势。想象一下，出租车公司在华盛顿使用了机器学习模型，但在巴尔的摩还没有，在那里它也在运营，并显示出非常相似的模式。如果没有这个模型，预计华盛顿和巴尔的摩之间的总预订量会有相同的趋势。因此，通过比较在实施模型前后城市之间总预订量的变化，就可以判断出模型的有效性。DID

的缺点是，如果实验方法以外的因素在后期改变了一个组的趋势，而另一个组中没有，就违反了平行趋势的假设。

多臂强盗算法是又一种替代方案，有人认为它优于 A/B 测试方法。在标准的 A/B 测试中，通常将用户以 50：50 的比例分配给数据产品的两个版本。其中一个版本的表现会比另一个差，所以让用户接触这个变量是有机会成本的。对于多臂强盗算法，在探索阶段（通常是实验总时间的 10%），也会从平等分配开始。然而，在接下来的开发阶段，用户会根据模型变体的相对表现进行分割，让更多的用户接触到性能更好的变体。这种划分降低了测试的机会成本，但由于表现较差的变体暴露在较少的用户面前，所以更难判断它是否更差，或者差异是否是偶然造成的。与用户在不同变体之间平均分配的情况相比，达到统计显著性结果所需的时间要长得多。如果变体之间的性能差异很小，那么在 A/B 测试中机会成本效益甚至可以忽略不计。

指标的挑战

效益度量计划包含度量数据产品成功与否的关键绩效指标，其最终目的是实现组织的战略目标。然而，有些指标在系统中不容易获得，或者仅在长期时可用，如市场份额、客户保留率或净现值（NPV）。理想情况下，度量应该等到长期指标可用时再进行，但在现实中存在着短期措施的压力。

有两个挑战。首先，长期措施，特别是会计指标，可能会鼓励失败，因为它们激励管理人员提出夸张的方案，以证明在融资竞争中的投资是合理的。如果他们获得了资金，管理者就会面临"要么大干一场，要么回家"的计划，以达到幻想的预测目标。第二个挑战是，已有的短期成功指标可能与长期甚至中期指标没有正关联性。

解决方案是通过分析历史相关性来找到成功的领先指标，而不是依靠假设。不太可能出现完全相关的短期和长期指标，但统计或机器学习模型有可能找到与每个指标有方向性关联的指标。例如，客户反馈、每客户平均收入、重复购买和留存率往往同时变化。

避免涵盖所有基础和衡量一切的诱惑。当度量太多时，就很难进行优化和权衡。解决方案是将度量标准提高一个层次，减少度量标准的数量。找到一件重要的事情，它可以权衡推动低级别的指标带来正确的结果。例如，在衡量一个网站的指标时，与其试图增加平均会话时间、页面浏览量、回访者转化率、新访者转化率和每次会话的互动，同时减少跳出率，不如把目标放在每次访问都带来更高收入上。

总结

"疯狂就是重复同样的错误，却期待不同的结果"，这句话被误认为是阿尔伯特·爱因斯坦的名言，然而它最早是在 1981 年出现在一份匿名麻醉品宣传资料上[8]。显然，沉迷于每次都以同样的方式交付工作，并不能带来进步。

挣脱平庸的牢笼是可以期待的。21 世纪的知识工作者有两项工作。首先，完成他们的日常工作，并不断寻求改进。DataOps 的领导者不断寻找新的方法来培养一种持续改进生产力和客户利益的文化。持续的改进需要不断投入时间和精力，培养系统思考的思维方式，收集来自团队和客户的反馈，并应用科学的方法更快、更好、更便宜地交付。其次，要使基于度量的改进取得成功，数据必须是可靠的。下一章将介绍如何提高对数据的信任和对数据用户的信任。

尾注

［1］ W. Edwards Deming, W. Edwards Deming Quotes, The W. Edwards Deming Insitute. https：//quotes. deming. org/

［2］ Matt Philips, Service-Delivery Review：The Missing Agile Feedback Loop? May 2017. https：//mattphilip. word-press. com/2017/05/24/service-delivery-review-the-missing-agile-feedback-loop/

［3］ Henrik Kniberg, Squad Health Check model-visualizing what to improve, September 2014. https：//labs. spotify. com/2014/09/16/squad-health-check-model/

［4］ Luke Hohmann, Innovation Games：Creating Breakthrough Products Through Collaborative Play：Creating Breakthrough Products and Services, Aug 2006.

［5］ Gary Klein, Performing a Project Premortem, Harvard Business Review, September 2007. https：//hbr. org/2007/09/performing-a-project-premortem

［6］ David Anderson, Kanban Cadences, April 2015. www. djaa. com/kanban-cadences

［7］ Tyler Vigen, Spurious correlations. www. tylervigen. com/spurious-correlations

［8］ Narcotics Anonymous Pamphlet, (Basic Text Approval Form, Unpublished Literary Work), Chapter Four：How It Works, Step Two, Page 11, Printed November 1981. https：//web. archive. org/web/20121202030403/ht-tp：//www. amonymifoundation. org/uploads/NA_Approval_Form_Scan. pdf

3

第3部分

进一步措施

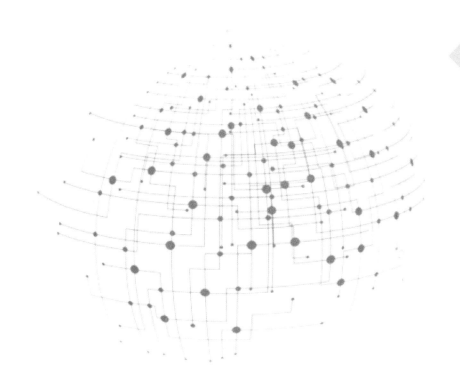

第6章

建 立 信 任

汽车刹车不是为了让车子停下来，而是为了快速行驶。如果汽车没有刹车，人们仍然会开车，但司机的驾驶速度需要足够慢，以便于在紧急情况下利用附近的树或者灯柱实现安全停车。所以，刹车性能越好，就可以安全地行驶越快。20 世纪 80 年代初，布拉汉姆一级方程式赛车队引入了碳/碳刹车，使车队赢得了 14 年来的第一个冠军，并在其他车队完成效仿之前，称霸该赛事。

之所以能够比竞争对手更快地驶入弯道，是因为车手知道他们可以更快地减速。但是，想要更快行驶，人们需要更多的安全措施。在大多数司法管辖区，驾驶标准车辆时必须系好安全带。然而，赛车需要的更多：赛车安全带、防滚架、灭火设备、头盔、燃油切断开关、头颈保护装置和阻燃服。可以看出，速度和安全功能是密不可分的。

但不幸的是，许多 IT 部门认为，降低风险的途径不是引入安全功能，而是从车辆上拆下轮胎，并使车辆尽可能难以行驶。这的确是预防事故的一种策略，但也让你无法快速地去任何想去的地方。这种方法导致数据分析团队将数据治理视为工作的障碍。因此，他们创建了一个并行的影子 IT，致使数据分析过程变得不那么安全。

为了更快地实现数据分析，需要以规则和约束作为"制动器"，以建立信任。这里的信任包括两种类型，一是组织需要信任拥有数据和系统访问权限的人员，二是数据用户需要信任他们正在使用的数据是正确的。有了对人的信任，组织可以确保在数据安全和满足监管要求的前提下，其数据专业人员可以轻松访问所需的数据和系统，并有效利用这些资源。有了对数据的信任，数据专业人员可以快速开展工作，而不必担心数据正确性出现问题。

信任拥有数据和系统的人

数据消费者获取数据和系统的传统方式是大量的 IT 专业人员通过缓慢、劳动密集型的流程，创建治理良好的数据仓库和数据集市。而不幸的是，数据仓库和集市的数据访问、新增或更改，需要花费太多时间才能实现有效的 DataOps。

DataOps 要求数据科学家、数据分析师和数据工程师能够快速访问数据、工具和各种基础设施来消除瓶颈。也就是说，他们需要快速自主地访问、添加或修改数据，我们把这种可用性称为数据自助服务。相比传统方法，数据分析专业人员可以通过数据自助服务在更短的时间内创建数据产品。

数据自助服务面临的挑战是如何确保数据安全、数据治理和资源被正确利用。在许多受监管的行业，必须遵守数据安全规定和数据保护政策。即使在不受监管的行业，也必须保护商业敏感信息和个人身份信息（PII），必须在不违反内部规则和外部法规的情况下提供自助数据服务。自助数据服务不是资源浪费和高成本的借口。

访问和供应数据

传统上，IT 或数据团队在用户和数据之间扮演守门人的角色。用户凭票申请访问数据，守门团队根据安全性和治理要求手动决定是否发布数据。然而，这种方法无法很好地扩展到企业目前采集的大量且多样化的数据，不能支持自助服务模式，也不会促进协作。

通常，相比新员工，在企业工作时间最长或参与过各种项目的员工会拥有更多的数据访问权限。这种情况会造成协作瓶颈，并导致一些人要等待数据访问权限。

传统方法阻碍了创新。用户可能需要探索新的数据源以理解它们的价值，但发现由于守门团队的把关，难以顺畅地访问这些数据。

解决数据访问权限问题的方法之一是授予每个人所有权限。但是，在涉及敏感数据或行业法规有权限隔离限制的情况下，这个方法是行不通的。法律也会随着时间而改变。也就是说，今天还是合法存储和访问的数据，明天可能就不一样了。

另一种方法是通过身份识别与访问管理（IAM）将用户身份绑定到角色和数据访问策略上。IAM 是一种技术和策略框架，可确保合法身份有权访问正确的资源，如应用程序、服务、数据库、数据和网络。IAM 依赖用户、角色和预定义权限的中央目录来对用户进行身份验证并授予他们访问权限，这些权限通常是基于角色的访问控制（RBAC）。

RBAC 使用预定义的工作角色和关联策略来控制对各个系统的访问，并授权工作角色在特定系统的上下文中执行操作。例如，RBAC 可以定义多个角色，而不仅仅是阻止或允许对所有数据的访问。一个角色可能对系统中的整个数据集具有只读访问权限，而另一个角色可能仅能对数据集中的特定字段进行访问，而其他字段都被屏蔽。第三个角色可能对某些系统具有所有访问权限，但不允许访问其他系统。第四个角色可能允许对一个系统执行除导出、共享和下载等功能之外的所有操作。

RBAC 的替代方案是基于用户的访问控制，在个人层面创建权限。基于用户的访问控制允许针对个人设置更细化的权限，但这会带来额外的管理开销，因此只有在需要额外控制时才会这样做。

有许多方法和工具可以实现 IAM，可以根据组织的系统和需求定义角色以访问数据。最关键的要求是，IAM 通过与现有访问和登录系统集成的集中式技术提供数据访问。当用 IAM 框架管理数据访问时，将用户映射到数据访问策略、收集所有交互的审计日志以及构建安全和治理的智能监控变得更加容易。

数据安全和隐私

创建一个自助服务数据文化需要强大的安全性和合规性控制。数据安全和隐私法律法规存在于行业、地区、国家和国际层面。例如，《通用数据保护条例》（GDPR）为整个欧洲经济区（EEA）的数据保护、安全性和合规性制定了强有力的标准，而《健康保险可携带性和责任法案》（HIPAA）则为保护美国患者敏感数据制定了标准。

数据分类策略是数据安全和敏感数据保护的基础。组织的风险偏好和监管环境决定了数据分类策略，而单独的安全策略定义了每个类别的存储、处理、传输和访问权限要求。

创建数据分类策略的第一步是定义目标，例如遵守行业和国家法规，并降低未经授权访问个人数据的风险。理想情况下，组织应在确定敏感、机密和公开等目标后，仅创建三个或四个数据分类级别。敏感级别包括个人身份数据、支付卡信息、健康记录、身份验证信息或商业高度敏感信息；机密级别可能包含非公开使用的内部或个人信息；公开级别包括可在组织外自由披露的信息。

数据所有者应负责根据分类策略对其拥有的数据进行分类。然而，由于数据的数量和种类繁多，手动分类和标注数据可能行不通。幸运的是，已有一些自动化数据分类解决方案，包括 Amazon Web Services（AWS）上的 Macie 和 Google Cloud 上的 DLP。数据所有者与 IT 部门或信息安全办公室一起为每个数据分类标签制定访问、存储、传输和处理策略。

限制对敏感数据的访问并不是确保其安全的唯一选择。通常，敏感数据对于分析非常有用，无论是用于测试、在标识符上联接数据集，还是用于专题分析。例如，地理分析需要地址信息；数据屏蔽、安全哈希、桶算法和格式保留加密是对此类数据进行去标识化或匿名化的常用方法。

数据屏蔽或数据混淆涉及替换类似数据（如姓名或地址）、数据的随机混排或对值应用随机变化，可以保持数据在假名化的过程中不损失其含义．在其他情况下，数据屏蔽操作更为极端，包括清空或删除数据字段或屏蔽字符和数字，如电话号码或信用卡屏蔽除最后一位以外的所有数字。

安全哈希与加密的不同之处在于，它是一种通过数学函数将文本字符串转换为固定长度文本或数字字符串的单向过程。

对于相同的输入，该函数每次都返回相同的哈希值，但即使哈希函数是已知的，也几乎不可能逆向执行该过程并找到原始值。有时会向数据中添加称为"盐（salt）"的额外随机文本，以使该过程更加安全。

桶算法用分组值替换单个值，例如，用月或年替换日期，用薪水范围替换薪水，或用职业分组替换职位。

格式保留的加密算法在保持其格式的同时加密数据，因此加密后的电话号码仍然看起来像电话号码。格式保持对于稍后在数据管道中通过验证测试至关重要，因为数据管道会检查数据格式是否符合预期。

在将敏感数据用于开发和测试之前，在接收过程的早期集中保护敏感数据，可最大限度地降低安全风险，并防止以后每次访问数据时都需要保护数据带来的延迟。

IAM 控制哪些用户可以访问资源，同时也必须阻止意外或恶意的访问数据。数据加密实现了对静态数据（或存储中的数据）和动态数据（或从一个地方移动到另一个地方的数据）的保护。存储时对数据进行加密和解密（当它被访问时），可以保护静态数据。数据可以在传输之前由发送数据的系统在客户端进行加密，也可以由存储数据的系统在服务器端进行加密。

加密连接协议，如超文本传输协议安全（HTTPS）、安全套接字层（SSL）和传输层安全性（TLS），可使数据在网络传输时得到保护。除了加密之外，网络防火墙和网络访问控制还提供了进一步的安全性，以防止未经授权的访问。

在自助式 DataOps 世界中，团队需要访问数据和处理数据的基础设施。基础设施可能是多租户的，这意味着许多团队共享相同的系统资源和数据资产。还需要防止用户和应用程序意外删除或损坏数据。

数据版本控制是一种在多租户场景中保护数据的方法。更新数据时，会保留以前版本的副本，并且可以根据需要进行恢复。为了进一步防止意外丢失，可以将多个分区或区域的数据存储在云端。

作为数据保护的一种形式，许多国家和地区都设置了数据本地化政策壁垒。因此，制定规则和治理以确保数据仅在当地法律允许的区域内传输、存储和处理，是至关重要的。

为确保遵守法律、法规和内部数据治理政策，审计和监控必不可少。日志文件采集数据访问、数据处理操作和用户活动事件，法规可能要求将这些日志文件保留规定的时间，以提供审计跟踪。通过实时分析日志文件来检测异常行为并发出警报或标记，以供进一步调查。有多种解决方案可以采集和分析日志数据来主动发现问题，如 AWSCloudTrail 和 Elastic Stack。

资源利用率监控

多租户要求用户公平地共享基础设施，否则，用户将被困在队列中等待查询或进程运行，或者被最终消费者注意到数据产品的延迟。虽然现代云平台允许近乎无限的资源扩展，但仍然需要有适当的限制，组织仍然需要最大限度地提高数据基础设施的成本回报率，而资源限制是阻止浪费资源的一种方式。

通过数据基础设施团队和用户之间定义的协议，为数据库中的预算、计算资源或查询工作负载设置硬配额或软配额是确保公平的合适方式。通过向用户反馈基础设施使用情况和成本的短期反馈，他们可以权衡工作价值和生产成本。通过对收益的长期衡量，KPI 有助于调整配额，以便使最有价值或最紧急的工作优先于其他任务。

不幸的是，由于各种原因，如季节性需求变化和昂贵的探索性分析等，工作负载可能会突然激增并打破配额。

有时，配额会被意外破坏。例如，没有经验的数据分析师或数据科学家无意中运行了笛卡尔连接查询，该查询将数据库一张表中的每一行连接到另一张表中的每一行。笛卡尔连接在计算上非常昂贵，因为输出可能会导致数十亿的返回行。意外的低效数据处理或恶意查询会以牺牲其他用户的利益为代价消耗资源或预算。

有几种方法可以防止意外的资源利用影响预算或其他工作负载。一种常见的方法是在基础设施中隔离各自的工作负载，这样即席分析不会影响其他更关键的工作。监控工具有 AppDynamics、New Relic、DataDog、Amazon Cloudwatch、Azure Monitor 和 Google Stackdriver 等，可以跟踪数据中心或云中资源和应用程序的运行指标。

使用此类工具可以可视化查看和统计数据、存储日志、设置警报和监控实时性能，以快速隔离和解决问题。许多数据库都提供了工作负载管理工具，基于进程优先级、资源可用性动态分配任务，并在查询违反监控规则时执行操作，从而优化用户和应用程序的性能。

可以通过设置云平台中的预算来监控一段时间内的支出，并在超过阈值时发出警报，实现主动的成本管理。云平台还提供细粒度的成本和使用报告，帮助精确定位优化和提高数据产品 ROI 的机会。

在数据用户中建立信任的支柱如图 6-1 所示。

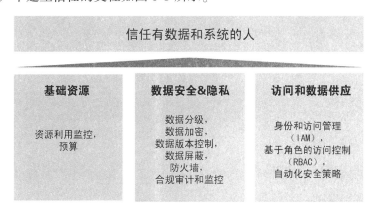

图 6-1　建立信任支柱

人们可以信任数据

在我职业生涯的早期，针对业务指标的突然变化，经常需要花几天甚至几周的时间来调查是真实情况，还是数据质量导致的故障。结果几乎都是数据质量问题，这些问题没有及早发现，无法在进入数据管道前得到及时纠正，并且一直传播到利益相关者那里。"垃圾进，垃圾出"。也就是说，一个使用干净数据的简单算法将比使用脏数据的花哨算法更加出色。

然而，与数据质量相比，人工智能等数据的诱人用途得到了更多的关注和资源。

真实性是指数据的准确性。它是继数量、多样性和速度之后大数据的第四个"V"，可以说是最重要的。没有真实性，大数据就会提供比以前更快、规模更大地做出错误决策的机会。

数据质量仍然是数据分析中浪费精力的一个重要来源。塔德格·纳格尔（Tadhg Nagle）、托马斯·雷德曼（Thomas Redman）和大卫·桑蒙（David Sammon）进行的一项《哈佛商业评论》调查发现，75 家参与公司中，只有 3% 的数据质量得分被评为可接受（100 条数据中有 97 条或更多正确的数据记录）[1]。47%新创建的数据记录至少包含一个严重错误。

当数据不好时，它就不再是一种资产，而是一种负债，因为如果单个不好的数据项未被发现，可能会影响多个报告和机器学习模型数月或数年。为了让用户信任数据，需要采用一种积极的方法，而不是在许多组织中依然在用的不可持续的救火行动。起点是收集关于数据的数据，或称元数据。元数据是在质量检查的同时建立数据信任的核心，它对于实现自助式 DataOps 至关重要。大部分数据清理、数据发现、数据供应和最终分析都依赖于元数据的收集。

元数据

一个组织拥有大量数据。对于数据用户来说，为了找到他们需要的数据，或有权使用以及找到他们可以信任的数据，可能需要遍历数十个系统、数千个目录和数百万个文件，这可能是不现实的。数据集和字段名称通常与内容无关，命名标准可能不一致，非结构化数据可能没有描述性的文件名或属性。数据集也可能存储在错误的目录名下。

即使可以检查所有数据集，也几乎不可能了解它们所代表的内容。在使用数据之前，必须用一种方法来发现它，知道它来自哪里，意味着什么，谁拥有它，以及谁可以使用它的哪一部分。元数据，即关于数据的数据，能帮助用户理解数据代表什么。美国国家信息标准组织（NISO）定义了三种主要类型的元数据，即描述性元数据、结构性元数据和管理性元数据[2]。

描述性元数据描述用于识别和发现的数据。描述性数据包括业务元数据和操作元数据两个子类别。业务元数据由对用户友好的名称、标签、标记、所有权信息和数据屏蔽规则等组成，使人们可以更轻松地浏览、搜索和确定数据集是否适合他们。操作元数据采集有用的信息，如数据源、数据接收者、数据的使用情况以及数据处理操作的结果等信息。操作元数据封装了数据的来源、血缘、版本控制、质量信息、数据生命周期阶段和数据概要信息。描述性数据可以帮助用户和数据发现工具查找、编目、探索和理解数据集。

结构性元数据是关于信息的结构以及与其他数据关系的数据。结构性元数据描述数据结构，如系统名称、表名、字段名、索引和分区，以便了解特定数据资产在层次结构或数据集合中的位置。除了数据结构之外，结构性元数据还记录了数据项之间的关系，例如，结构性元数据记录文件的一个版本是另一个文件的原始未处理版本，或者记录两个数据集之间的外键关系。

管理性元数据包含三个子类型，有技术元数据、保存元数据和权限元数据。技术元数据通过提供文件类型、文件大小、创建时间、允许值、数据类型和压缩方案等信息来帮助解码和使用文件。保存元数据如校验码（或对一段数据运行加密哈希函数的输出），允许在传输、格式转换或其他处理后验证数据完整性。权限元数据包含与数据关联的策略信息。此类元数据捕获与数据访问、数据处理权限和指定数据保留期的生命周期相关的策略。

元数据通过让用户更快地识别他们想要和可以使用的数据，来帮助用户信任数据。元数据对于自助式数据分析至关重要。没有它，即使用户可以访问自助服务基础设施，也仍然面临需要 IT 专家帮助才能使用数据集的瓶颈。元数据还有助于通过促进数据治理来提高对数据用户的信任，数据治理规定了数据管理、质量、访问和使用的政策标准。一个健壮、具备可扩展能力的框架对采集和管理元数据来说是至关重要的。

加标签

在管理元数据的框架方面存在诸多挑战。不同的应用程序、团队甚至供应商可能会以完全不同的方式描述和构建相似的数据。如果没有标准，元数据会变得五花八门，从而违背其目的。

解决这一问题的传统方法是对元数据进行集中管理。数据仓库和数据集市团队制定并遵守元数据标准，以及使用元数据管理工具处理数据变更。元数据的集中管理实现了数据与元数据的同步，保证了元数据管理的一致性。但是，随着组织采集的数据量和种类不断增加，用于集中人工元数据管理的变更管理流程可能很快就会成为瓶颈。如果数据源是手动创建的，或者数据经过转换以符合组织的元数据标准，则等待元数据创建会降低新数据源或更新数据源的接收速度和可用性。

相信你已经猜到了，集中式元数据管理的替代方案是分散式元数据管理。组织中没有一个人或团队能够了解每个数据项，因此分散的元数据必须采用众包的形式。领域专家和数据用户将描述性元数据与字段和数据集关联起来，这一过程称为加标签（Tagging）。

为了保持一致性，业务元数据标签应该与现有的业务术语表、分类法或本体保持一致。这些限制对于元数据标记者坚持战略愿景而不是他们自己的愿景至关重要。业务术语表包含组织使用的业务术语和同义词的标准定义。业务分类法按层次结构对对象进行分类，如部门、位置、主题或文档类型。业务本体将单个实例或对象、对象集或集合，描述为类、对象和类的属性、类和对象之间的关系以及规则和限制。

本体具有比分类法更灵活的结构。例如，金融行业业务本体（FIBO）描述了金融行业中相关业务实体、证券、贷款、衍生品、市场数据、公司行为和业务流程的术语、事实和关系。FIBO 帮助企业使用通用语言来集成技术系统、共享数据和自动化流程[3]。

分散式元数据方法的缺点是，它需要大量的忠实用户来维护元数据。另一个缺点是，尽管用户对流行的数据集和字段进行了彻底的文档记录，但仍可能会遗留大量尚未加标签的暗数据。

最终的解决方案是将分散的元数据管理与软件自动化相结合。首先由领域专家和数据用户给数据加标签，然后高级数据目录工具使用机器学习算法来学习给数据加标签的规则。自动标记准确与否的反馈有助于改进机器学习模型。

非结构化数据甚至不需要加标签，因为来自 Amazon Web Services、Google Cloud Platform 和 Microsoft Azure 的云服务可以从图像、视频、语音和文本中提取元数据。

采集过程中的信任

建立对数据的信任，从用批处理或实时流从源系统采集数据开始。文件验证和数据完整性检查可以防止数据完整性的破坏或在接入过程中的重复数据加载。文件重复检查会根据现有文件以增量方式检查文件名、模式和传入文件内容的校验，并删除重复文件。

传输中的错误可能会损坏数据。因此，文件完整性测试会查看接入的文件是否与传输的文件相同。源系统中的哈希函数将文件内容转换为消息摘要，并将其与文件内容一起发送。在对接收的文件内容上应用哈希函数，如果输出与消息摘要匹配，则验证了文件的完整性。

文件大小检查是另一种类型的文件验证。它们类似于文件完整性测试，但比较的是传输文件的大小，而不是哈希值。文件周期检查会定期监控文件数量，如果在适当的时间段内未收到预期的文件数，则会发送警报。

接收期间的数据完整性检查可确保接收数据的准确性和一致性。最直接的数据完整性检查是比较源系统和接收数据之间的总记录数。其他数据完整性检查包括将接入数据的模式或列数与数据源进行比较，以检测数据中的结构变化。

采集元数据的最佳时机是在接收数据时。接收阶段能获取接收时间戳、数据来源、谁发起的接收、文件模式和保留策略等重要信息。在此阶段，还会应用业务、操作和管理元数据标签，以及根据数据分类策略应用的数据分类规则。除了元数据采集之外，提取数据的水印，用于在数据管道和整个生命周期过程中进行数据血缘跟踪。与元数据不同，水印通过向文件或记录添加唯一标识符来改变原始数据。

数据质量评估

接收之后，数据可以直接使用或者进行集成。数据集成是将来自多个数据源的数据组合在一起的过程。集成多个数据源可以最大限度地发挥数据的价值。

与仅集成结构化数据的传统数据仓库不同，当今大多数组织需要将结构化数据源与机器生成的半结构化数据，甚至非结构化数据（如内部数据湖或云中的客户评论文本）整合在一起。然而，不准确、不完整和不一致的整合数据会削弱数据集成的好处，并且在某些情况下还会适得其反，因为它将好的数据与坏的数据结合在了一起。低质量的数据必须在整合前检测出来并进行转换或标记。

文件有时会通过验证检查，数据完整性检查也可能会接受质量较差的数据，因为质量问题是在生成数据的源系统中产生的。应对传入的数据进行检查，以确保其符合预期的格式和数值范围。

数据剖析是指从现有文件或数据源收集统计和摘要信息以生成元数据的过程。数据剖析工具或代码可以生成描述性的汇总统计信息，如频率、聚合（计数和求和）、范围（最小值、最大值、百分比和标准差）和平均值（平均值、众数、中位数）。

数据剖析是一种检测不良数据质量并为数据清理创建元数据的方法。在实践中，数据剖析元数据的采集和监控不应该是一次性的，而是在每次转换数据、创建新数据管道，以及管道更新时，都应沿着整个数据管道进行采集。

出于数据质量目的，其他一些额外的剖析值也应采集。与业务规则相比，了解数据的完整性、正确性以及数据集之间数据一致性至关重要。为了保证数据完整性，数据剖析会采集元数据，如空值、缺失值、未知值或无关值以及重复值的出现。对于数据的正确性，有用的剖析包括以下元数据：

- 异常值。高于和低于有效值范围的值，或非典型字符串长度和值。
- 数据类型。字段的数据类型应为预期的数据类型，如整数、日期/时间、布尔值等。
- 基数。某些值可能需要在数据字段中是唯一的。
- 设置成员资格。特定字段中的值必须来自离散集合，如国家/地区、州或性别。
- 格式化频率。某些值（如电话号码）必须符合一定的正则表达式。
- 跨字段验证。满足跨字段的明确条件，例如，结束日期不应早于开始日期。

一致性元数据采集数据相对其他数据的一致性信息，如违反则引用完整性规则。例如，如果一个数据集引用了一个值（比如客户 ID），则引用的值必须存在于另一个数据集（如客户详细信息表）中。

除了剖析之外，数据质量还包括准确性和一致性方面的异常检测。准确的数据应符合标准的度量和值，如经过验证的地址。数据的一致性确保同类数据度量使用相同的单位。在将美国数据与世界数据进行整合时，标准化尤其重要，因为距离、体积和重量的度量单位都不一样。

数据清理

正如第 1 章所述，数据科学家经常将低质量的数据作为调查中面临的最大挑战。解决这一问题是消除数据科学过程中的浪费和提高决策质量的最有效方法之一：

更多的数据胜过聪明的算法，但更好的数据胜过更多的数据。

——Peter Norvig，谷歌公司研究总监

一旦数据质量元数据提供了对数据质量问题的清晰理解，就可以选择一些方法来纠正问题。首选方法是在接收数据之前修复源系统中的数据质量问题，例如，除非记录匹配预定义格式或不包含缺失值，否则阻止创建记录。其他选项是清理数据或接受有质量问题的数据，并允许用户根据数据质量元数据标记决定是否或如何使用数据。数据清理涉及删除或更正数

据，以及收集操作元数据来记录这些清理操作。

处理数据正确性或数据完整性问题的传统方法是删除数据或插补值，这样问题数据不会沿管道向下传递。删除的数据都被归档到单独的文件中，以便进行审计。可通过插补缺失值、空值或使用统计方法产生的新值来替换不正确的值。新值可以基于字段的平均值（平均值、众数或中位数），也可以在更复杂的方法中通过预测模型进行推算。当主要分析用例是使用汇总和聚合数据的描述性分析时，删除或插补方法是可以接受的。然而，机器学习通常在观察层面上进行预测，这是有问题的。

删除带有缺失数据或空数据记录的问题在于，处理进程会丢弃信息。插补缺失值不会添加新信息，它只是将现有模式嵌入数据中。

在现实世界中，机器学习往往需要在某些数据缺失的情况下进行预测，训练期间看到样本数据往往有益于预测建模。所以，相对于删除或插补缺失值，更好的方法是采用前一章中概述的监控方法，即 KPI 阈值。

可以为数据质量设置一个 KPI 阈值，例如，接受年龄字段中至少 99.9% 的值应该介于 0 和 125 之间。如果监控显示数据质量超过 KPI，则数据就会被接受并通过管道传递。如果 KPI 开始接近阈值警告，则会触发警报进行调查。如果质量低于阈值，则会采取刹车措施以防止不良数据的进一步传播。如果问题可以修复，则会回填缺失的数据并再次可用。

数据质量元数据标签存储满足数据质量阈值的记录或字段的比例。元数据通知用户数据质量和他们需要采取的操作。数据科学家为缺失值创建特征（或分类标签），允许机器学习算法学习处理缺失值的最佳方法。商业智能开发人员可能会根据相同元数据决定删除数据或插补值。

实体解析（或模糊匹配）有时可以解决数据一致性问题。由于拼写错误、标签错误或大小写错误，相同的数据或实体可能会在数据中呈现不一致的情况。实体解析和模糊匹配技术试图识别哪些记录可能是相同的。

由于不知道真实的数值，所以仅通过数据清理很难实现数据的准确性校正。通常，校正准确性的唯一方法为同包含真实值的外部数据源进行比较。例如，邮政编码可以与外部地址数据库匹配，以确保地址详细信息正确无误。通过应用算术变换使数据采用同样的单位，可以很容易地清除异常数据。

数据血缘

数据质量元数据能够告诉数据工程师、数据分析师和数据科学家数据有多好。了解数据血缘，数据来自何处、移动到何处以及发生了什么也很有用。通常，数据用户的工作是建立在他人工作的基础上，而不是重新发明轮子或首次使用原始数据。对诸如"我不确定这些数据来自哪里"或"建造该管道的人几个月前离开了"等有关血缘问题的回答并不能激发人们对数据的信心。

了解数据血缘（或数据来源）有助于对数据建立信任，因为对于类似的数据项，某些数据源和流程可能比其他数据源更可靠。数据血缘还有助于追踪错误来源，允许复制转换，并提供数据源的归属。在某些行业，尤其是金融服务行业，合规性要求对用于财务报告的数据要进行血缘记录。

许多商业 BI 和 ETL 工具在处理数据时，会自动采集血缘信息。但是，如果管道中涉及多个系统、工具和语言，尤其遇到一些开源系统时，采集数据血缘就不是一个简单的过程。

一些 ETL 过程可能使用 SQL 查询，另一些可能使用基于图形用户界面（GUI）的工具，还有一些使用编程语言，如 Java、Scala 或 Python。这种语言和工具的混合使得流程的标准化成为一种挑战，有时甚至难以识别工具和代码是从相同还是不同的系统中提取的数据。

最直接的策略是记录业务层面的血缘，以业务术语和简单语言描述数据血缘。业务级血缘的问题在于创建和维护是一个手动过程。

业务层面血缘的替代方法是创建技术血缘，显示用于执行数据转换的特定代码。数据血缘只在追溯到源头时才有用，并且可能涉及许多系统，因此要将多个源的血缘信息拼接在一起，才能构建一个完整的画面。在 Hadoop 生态系统中，治理和元数据工具 Apache Atlas 和 Cloudera Navigator 提供了可视化数据血缘的能力。IBM Infosphere Discovery、Waterline data、Manta 和 Alation 等其他工具可以从多个源和平台中提取数据处理逻辑，生成数据血缘报告。

数据发现

数据消费者需要了解数据及其结构、内容、可信度和血缘，才能找到相关数据并有效利用。数据发现通过两个步骤引导人们找到相关数据集。第一步是使数据可以被找到，第二步是探索发现数据。

元数据使得数据可被发现，而无须直接搜索和访问数据。正如图书馆使用主题、作者和标题等元数据来组织和编目其数据一样，各个组织也需要组织和编目他们的数据集。但是，如果没有可查询的界面来使用元数据或数据内容搜索，数据用户将很难找到他们需要的内容。如果没有可搜索的目录，数据用户就只能依赖常识（或组织中的不成文信息），这是一种非常耗时的方法。

可以从 IBM、Collibra、Alation、Informatica、Waterline Data 等供应商处购买现成的数据目录软件，以实现元数据和数据的搜索。也可以使用开源软件和云服务构建数据目录，例如，可以使用 AWS Lambda 构建数据湖 S3 桶（Bucket）中存储的所有数据的数据目录，提取元数据，并将其保存到 Amazon DynamoDB 以供创建对象，然后使用 Amazon Elasticsearch 来搜索用户的元数据。

更高级的数据目录解决方案提供了超越搜索的数据发现功能。有些数据目录会自动标记数据，并允许用户对数据源进行评级、添加注释并提供有关业务含义和数据之间关系的额外上下文信息。其他功能包括与各种工具集成的能力，链接业务术语表、标记数据所有者和管理员、提取数据血缘信息、屏蔽敏感数据，以及与访问控制工具共享标记，从而限制数据访问并仅向授权用户提供数据。

图 6-2 总结了数据从采集到使用的各个阶段中传递数据和人员信任的工作流程。

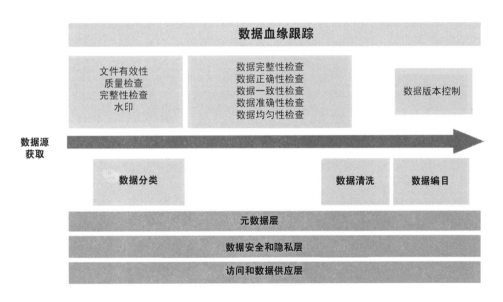

图 6-2　传递数据和人员信任的工作流程

数据治理

到目前为止描述的诸多活动都是数据治理的一个子集。数据治理的目的是确保组织中数据的质量、安全性、可用性和有效性。许多传统的数据治理，由于采用了命令和控制的方法而陷入困境，这造成了一种"我们"与"他们"的对立心态。数据治理工作费力不讨好，因此被忽视。相反，精益/敏捷数据治理计划促进了数据生产者和数据消费者之间的协作。

对数据的信任来自组织中众多团队建立的数据质量文化。必须对开发人员和其他数据生产者进行培训，让他们了解数据信任和数据访问的重要性，以及给组织带来的好处。数据消费者必须与数据生产者协作，实施数据质量检查和监控，为持续改进提供反馈。清晰的指导和自动化要通过流程嵌入到日常工作中，而不是通过单独的合规性活动来降低数据治理的成本和风险。

数据治理必须拥有所有者，否则它将在资源和时间的竞争过程中被忽视。数据治理所有者的最佳人选是业务利益相关者，因为他们是最能从中受益并能够平衡风险的群体。IT 和数据消费者倾向于采用以技术或数据为中心的治理观点，而不是业务驱动。

数据治理所有者必须确保制定明确且可量化的目标。提供完美的数据质量、元数据、数据血缘跟踪和数据编目是一项不可能完成的任务，因为并非所有问题都是可以解决的。但是，数据消费者可以定义足够好的数据质量，这反过来设定了验证数据质量的要求，以及检查数据质量、清理或修复问题的工作流程。然后，数据管理专员会持续不断地测量和监控数据质量。

总结

数据治理并不是一个新概念，但随着各类组织所采集数据的数量、种类和速度的新变化以及 GDPR 等新法规要求的出现，需要一种新的治理方法。组织采集了大量结构化、半结构化和非结构化数据，但并不总是知道它们拥有什么、存储在哪里，或者数据的准确性和敏感性如何。缺乏此类信息会导致合规、商业和声誉方面的风险。传统解决方案依赖于人工管理，甚至通过阻止对精心设计的数据仓库或集市之外的数据和系统的访问来降低风险，这种方法严重阻碍了数据专业人员创建新数据产品来帮助组织及其客户。

解决方案是通过自动执行数据的识别、分类、安全、供应、质量评估和清理，来建立对数据用户的信任和用户对数据的信任。IT 部门从看门人转型为店主，店主不会花精力把顾客拒之门外、让生意冷清，而是邀请顾客进店浏览并鼓励他们自我服务。正如不允许未成年人购买受限物品一样，也要建立策略以确保那些没有正确凭据的人不能访问敏感数据。

　　培养人们对安全访问数据和系统的信任，并建立用户对数据质量的信任，消除了数据科学过程中两个最重要浪费来源：通过对数据和基础设施的自助访问，消除了无休止的 IT 请求、资源和权限协商的瓶颈，实现了对数据和系统的信任；对数据的信任使数据科学家、数据分析师和数据工程师能够花更少的时间清理数据、追踪其含义和来源、担心得出错误的推论，而将更多时间用于开发数据产品和做出决策。

　　下一章将重点讨论 DevOps 在缩短数据周期和数据使用时间方面的实践。数据科学家、数据工程师和数据分析师需要不断接入新的数据源，构建和改进数据管道，并在保持质量的同时，以闪电般的速度创建新的数据产品。

尾注

［1］Tadhg Nagle，Thomas C. Redman，and David Sammon，Only 3% of Companies'Data Meets Basic Quality Standards，Harvard Business Review，September 2017. https：//hbr. org/2017/09/only-3-of-companies-data-meets-basic-quality-standards

［2］Jenn Riley，Understanding metadata，what is metadata，and what is it for? 2017. https：//groups. niso. org/apps/group_public/download. php/17446/Understanding%20Metadata. pdf

［3］About FIBO，The open semantic standard for the financial industry. https：//edmcouncil. org/page/aboutfibore-view

第7章

面向DataOps的DevOps

建立对数据和数据用户的信任可以最大限度地降低风险。信任可以保障监管合规性，降低商业风险，并保护企业的声誉。对数据的信任还可以确保数据的完整性，让用户更容易识别和安全使用数据。莱安德罗·达勒穆莱（Leandro Dallemule）和托马斯·达文波特（Thomas Davenport）在他们著名的《哈佛商业评论》文章中将"数据战略"这一名词描述为"数据防御"[1]。数据防御至关重要，但对于平衡的数据战略而言，采取主动进取的数据攻击同等重要。数据攻击以数据使用为中心，从而制定出提高企业效率、增强客户体验和改进产品研发的决策。

类似于球队，所有企业都需要在防守和进攻之间取得平衡才能蓬勃发展。达勒穆莱和达文波特认为最佳权衡因公司的战略、监管环境、竞争格局、数据成熟度和预算而异。例如，受到严格监管的行业将更重视数据防御而不是数据攻击。但是，所有组织至少都需要一些进攻性举措来避免浪费。数据攻击计划需要一些不同于数据防御的方法。数据攻击使用的方法超出了数据治理、数据管理和降低风险的范围。

数据攻击策略要想取得成功，企业需要快速、适当的流程来实现敏捷开发和新的数据产品发布，逐步形成规模。规模化指的就是用快速增加的数据产品满足不断增长的需求的能力。为了提高应用程序交付和迭代的速度，软件开发和IT运营已经形成了一套集文化理念、实践和自动化技术一身的实践，称为DevOps。DevOps引入的创新流程可以提高数据分析交付的速度和规模。

开发和运营

DevOps 正在彻底改变软件部署的速度和规模。20 世纪 80 年代、90 年代甚至 21 世纪初的软件开发和功能发布速度，在今天是无法接受的。历史上，软件最新版本的开发和发布曾经耗费了数百万美元和数年时间。

Microsoft Windows 是以往软件发布方式的典范。它的每一个版本发布都是全球性的重大事件，需要数年时间来开发。Windows XP 和 Windows Vista 之间有将近 6 年的时间间隔。如今，Windows 更新频繁，很少有人知道或关心他们使用的是哪个版本的 Windows 10（我是在 1903 版本上写这本书的），知道使用的是 Google Chrome 或 Facebook 等流行应用程序的哪个版本的人更少，因为更新速度之快确实令人震惊。DevOps 使 Facebook 可以每隔几个小时发布数十到数百个更新[2]。

冲突

大多数企业以每周或每月的频率在生产环境中部署更新软件尚存在困难，更不用说每天数百次了。通常，这些生产部署都是有巨大压力的大事情，包括停机、抢修、回滚，有时甚至更糟。2012 年 8 月，金融服务公司 KnightCapital 的交易算法部署错误后耗费 45 分钟才修复问题，这直接导致 4.4 亿美元的损失[3]。

软件开发团队和 IT 运营团队之间的目标冲突是导致产品和功能发布缓慢的一个重要原因。软件开发团队希望通过尽快更改生产代码来部署新功能并响应市场变化，而 IT 运营团队希望客户拥有稳定、可靠和安全的服务，他们还希望任何人都不要做出有损这一目标的改变。因此，开发团队和 IT 运营团队有相反的目标和激励。这种冲突导致效率螺旋式下降，致使新产品上市越来越慢、质量越来越差，技术债务和日常维护工作也不断增加。

作家和 IT 专家吉恩·金（Gene Kim），耶斯·亨布尔（Jez Humble），帕特里克·德布瓦（Patrick Debois），约翰·威尔斯（John Willis）用三个场景描述了这种螺旋式下降[4]。在第一个场景中，IT 运营团队的任务是运行复杂的应用程序和基础设施，这些应用程序和基础设施的记录不完整，并且背负着技术债务。由于没有时间来清除技术债务，所以需要不断地用变通方法来维护容易出现故障的系统。当生产变更失败时，这会影响客户的使用、收入或安全性。

在第二个场景中，开发团队的任务是执行另一个紧急项目，以弥补之前失败造成的问题。因此，开发团队为了在截止日期前完成任务而增加了技术债务。在最后一个场景中，由于复杂性的增加、工作的依赖性增加、协调和批准的速度减慢以及排队的时间过长，所有工作都需要更长的时间才能完成。

随着死亡螺旋的到来，生产代码部署需要越来越长的时间才能完成。往旧代码中添加新功能，而不是采用分布式的组件进行功能整合，导致功能之间的耦合度越来越高，即使很小的更改也可能会引发重大故障。每一次更新部署都会增加复杂性，并导致 IT 运营部门进一步采取措施将所有内容整合在一起，从而减少偿还技术债务、分离组件和向开发人员提供反馈的时间。冲突的代价不仅仅是经济上的，对于相关员工来说，他们会通过晚上和周末的高强度工作来保持系统平稳运行，不仅增加了工作压力，还降低了生活质量。

打破螺旋

DevOps 打破了由开发和 IT 运营之间的冲突导致的死亡螺旋。DevOps 实践旨在实现多个 IT 功能、开发、QA、安全和 IT 运营的目标，同时提高企业的绩效。

在 DevOps 模型中，开发团队和 IT 运营团队不是互相独立的。多个小型、长期、以项目或产品为中心的开发团队在从开发到运营的整个应用程序生命周期中独立工作。这些团队在与最终运行的生产环境相匹配的操作系统、库、包、数据库或工具环境中开发功能、开展同行评审和测试代码。

小更新和快速反馈可以及早发现问题并降低风险。一旦新代码提交到版本控制软件中（用于管理文件更改的软件），就会触发自动化测试以确定代码是否会按计划在生产中运行。快速反馈使开发人员能够在几分钟内而不是几周后的集成测试中发现和修复错误。立即修复问题减少了技术债务的积累，并增加了对所发现程序缺陷的学习，以防止类似问题再次发生。

DevOps 的一个核心组件是配置管理，它是处理系统变更的实践，以便随着时间的推移保持系统的完整性。在软件工程中，配置管理包括项目成功必须配置的每一项，如操作系统、源代码、服务器、二进制文件、工具和属性文件。这些项统称为配置项。

确定的配置项将在版本控制软件、组件存储库、用于存储二进制文件的数据库和配置管理数据库（CMDB）中进行控制和管理。CMDB 是存储基础设施架构、应用程序、数据库和服务之间关系的存储库。通常，版本控制软件管理人可读的代码，如配置文件、源代码、测试、构建和部署脚本，组件存储库处理机器可读的文件，如编译的二进制文件、测试数据和库。CMDB 存储了彼此之间的依赖关系，所以可用于在应用程序、数据库或基础架构的更改管理过程中协助进行影响分析。CMDB 还可以作为其他配置管理工具调配环境的可信来源。

DevOps 团队使用的标准化架构和自助服务工具允许他们通过高度自动化的方式独立于其他团队工作，团队进行小批量开发时，就可以快速部署，几乎不依赖其他团队，从而更快地为客户提供帮助。通过自动化测试的代码可以快速、安全地部署到生产环境中，从而使部署成为常规过程而不是重大事件。一旦投入生产，代码和环境中的自动监测将开始部署，以确保一切都按预期运行。通过 A/B 测试或灰度发布，新功能会逐步向用户推出，或随着配置更改而快速回滚，从而进一步减少风险和负面后果。

系统思维和科学方法是 DevOps 的基础。假设检验、实验和测量对于流程改进至关重要。透明的沟通和无可指责的文化使团队得以发展并提高客户满意度。DevOps 团队使用事后分析和回顾来确定失败的原因以防止问题再次发生。最终，DevOps 文化和实践让团队有信心快速开发产品和实现企业目标，而不会产生与传统开发和运营流程相关的压力和疲劳。

持续交付的快速流程

在将原理和方法应用于数据分析之前，了解 DevOps 软件开发的更多细节非常有用。为了保持从开发到运营整个应用程序生命周期中新功能的快速实施，DevOps 拥有专业的体系结构和实践。这些技术实践降低了生产中的部署和发布风险，并允许软件专业人员更便捷地开展工作。DevOps 最重要的技术实践是持续交付。持续交付包括基础部署流程、新开发的持续集成和自动测试，使代码处于随时可以发布到生产中的状态。持续交付与传统的大爆炸式发布流程相反，后者将大批量工作的集成和测试推迟到临近项目结束。

可重现的环境

为了安全地将开发部署到生产运行中，用于开发和测试代码的预生产环境必须尽可能接近生产环境。否则，应用程序就有可能无法按预期运行，并导致客户的负面反馈，这种情况应该是可以避免的。从以往经验看，IT 运营部门都是手动配置测试环境，但缺乏测试时间或环境差异导致了较长的交付周期和潜在的错误配置，很容易导致生产环境中出现问题。

借助 DevOps，开发人员可以使用脚本和配置信息来建立稳定安全的生产环境以及标准的构建流程，以确保开发和测试环境完全相同。自动化的自助服务流程消除了 IT 运营所需，并且容易出错的手动工作。有多种方法和工具可用于自动构建环境，这些方法和工具经常结合使用。以下是一些例子：

- 配置编排。Terraform 或 AWS CloudFormation 等工具允许使用配置文件创建、修改或销毁基础设施。
- 操作系统配置。DebianPreseed 和 Red Hat Kickstarter 等自动化安装程序使多台计算机能够从一个文件安装相同版本的操作系统，该文件包含在此过程中会遇到的所有问题的答案。
- 虚拟机（VM）环境。包含软件和整个操作系统的虚拟化环境，可以通过多种方式构建，包括 shell 脚本或使用 Vagrant 等产品。可以将现有的虚拟机映像复制到虚拟机监控程序，该管理程序是在主机上以来宾身份运行虚拟机的软件。
- 应用容器平台。容器平台，如 Docker 和 CoreOS rkt 等，允许将代码及其所有依赖项打包为独立的轻量级容器，在不同的环境中以相同的方式运行。
- 配置管理。诸如 Puppet、Chef 和 Ansible 等工具在已配置的基础结构上安装和管理软件。但是，配置编排和配置管理工具之间的功能重叠越来越多。
- 包管理。Anaconda Distribution 等软件管理 Python/R 数据科学和机器学习库、依赖项和环境。

版本控制（与源代码控制和修订控制同义）自 20 世纪 70 年代以来一直被软件工程师用来跟踪应用程序的代码更改。Git 由 Linux 发明者 Linus Torvalds 创建，是目前最流行的软件开发版本控制系统。版本控制允许开发人员在同时处理文件时，可比较、恢复和合并对文件的更改。更改内容与提交更改的用户、时间戳等元数据一起提交到存储库。Git 系统甚至把文件的整个快照都提交到存储库。

版本控制存储库是单一的可信存储库，允许开发人员跟踪彼此的更改并可重现任何时间点的代码状态。重现性是版本控制的另一个重要好处。与出现问题时浪费时间修复代码不同，重现性提供了一种直接的方法，可以在出现错误时将文件更改恢复到已知的良好状态。

不仅要可靠地复制代码，而且要可靠地复制相同的环境来运行代码，构建环境的脚本和配置信息也必须处于版本控制中。所有基础架构配置脚本（包括网络）、操作配置文件、用于创建虚拟机和容器的文件、应用程序代码和依赖项、应用程序引用数据、用于创建数据库架构的代码、自动测试脚本、项目文档等都必须处于版本控制中。

重现性所需的配置项列表可能很长，但必须包括所有内容。对生产环境的更改必须应用于预生产环境，以保持一致性。只有将更改内容置于版本控制中，而不是采用容易出错的手动替代方法，用于构建环境和管理配置的工具才能自动在任何地方复制这些更新。

部署管道

一旦类似于生产的环境可以按需实例化，开发人员不仅可以检查特定功能是否在其开发环境中工作，还可以在第一次生产部署或项目结束之前检查其应用程序是否能够按照预期集成到生产中运行。开发人员甚至可以通过仿真模拟生产环境中的监控和日志等手段，来验证应用程序是否能够处理真实生产要求的工作负载。

然而，如果一个单独的 QA 团队负责后期的测试，那么修复错误和向开发人员提供反馈将需要更长的时间。要求开发人员自己编写和测试小型代码迭代有助于及早发现问题，并大大降低开发风险。手动测试无法提升到所需的测试频率，只有自动化测试才能解决这个问题。

为了促进代码的高频自动化测试，DevOps 具有部署管道的概念。部署管道通过向团队提供快速反馈而无须运行过多任务，从而消除了软件开发过程中的时间浪费。软件部署分为多个阶段，每个阶段中的任务顺序或并行运行。只有当一个阶段中的所有任务都成功通过时，下一个阶段才开始。有许多用于自动化部署管道的工具，包括 Jenkins、Travis CI、TeamCity、Bamboo 和 Gitlab CI。图 7-1 所示为一个部署管道示例。

当开发人员在提交阶段将代码提交到版本控制时，部署管道开始启动自动构建过程，其中包括从代码创建独立应用程序所需的所有步骤，如构建过程编译代码（包括测试源代码），运行自动单元测试，执行代码分析，并为 Java 代码创建 JAR 文件等软件包。

单元测试验证软件的最小可测试部分，例如类或函数是否按设计工作，而代码分析可在不执行程序的情况下检测问题。通过这些测试会触发将软件包自动部署到类似于生产环境的测试环境中，以运行集成测试，从而暴露出新集成的代码单元与其接口代码之间的交互缺陷。开发人员合并他们的代码提交并尽可能多地以小批量进行构建，这就是为什么这些阶段

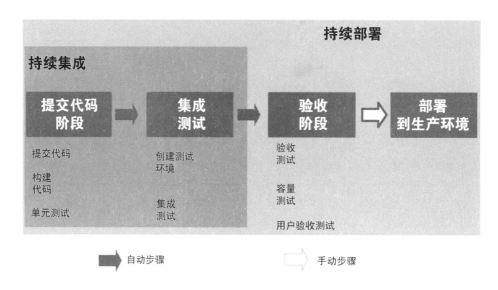

图 7-1　一个简单的部署管道

被称为持续集成（CI）。

集成测试通过后会触发验收阶段，以验证应用程序是否满足高级用户需求，而不会引入回归错误（即不会影响以前的功能）。验收阶段会执行验收测试，如果测试通过，应用程序可用于实际软件用户的手动测试（QA）和用户验收测试（UAT）。这些工作与持续集成相结合，称为持续交付（CD）。在持续交付过程结束时，应用程序即可随时部署到生产环境中。

持续集成

版本控制允许开发人员创建个人开发分支来并行处理系统的不同部分。开发分支是版本控制下的主对象的副本。否则，个人都将在主版本上工作，可能会引入许多错误。然而，开发人员独立工作的时间越长，他们所做更改的批量越大，在将更改合并回主分支时添加的潜在问题就越多。涉及多个开发人员零星合并引起的集成错误和测试失败可能需要很长时间才能修复，这种情况最终会导致 DevOps 的效率呈螺旋式下降。

持续集成通过优化团队生产力而不是单个开发人员生产力的分支策略来解决集成问题。持续集成避免了由多个独立开发人员后期合并代码彼此干扰造成的集成问题。每个人都在主分支之外工作，并最小化单个开发分支。开发人员每天至少提交和合并一次代码。这种做法使我们更接近小批量工作的精益思想理想，同时提供更快的部署交付时间。然而，任何提交都可能破坏部署管道，持续集成过程严重依赖自动化测试以通过即时暂停和反馈来修复问题。

自动化测试

部署管道需要提供快速反馈以立即修复故障，否则，问题会像滚雪球一样越来越大，或者开发人员认为这种做法会妨碍按时完成任务。首先执行快速运行的单元测试以尽早发现代码缺陷，然后是较慢的集成和验收测试，最后是手动 QA 或 UAT。创建一个单元测试，以便下次在后期发现错误时更早地发现类似错误。在这种方式下，大部分测试工作在早期进行。Google 建议 70% 的测试应该是单元测试，20% 是集成测试，只有 10% 是端到端测试[5]。

紧密耦合的架构使单元测试变得异常困难，因为代码中的功能没有很好地分离。相反，DevOps 鼓励松耦合的系统，使组件之间的依赖最小，以使函数、类和模块可以独立测试。测试还需要在部署管道中快速运行，方法之一是并行运行测试，即通过跨不同服务器运行相同类型的测试或同时运行不同类别的测试。

DevOps 团队经常使用测试驱动开发（TDD）和验收测试驱动开发（ATDD）。在编写通过测试的代码之前先编写失败的测试，测试成为日常工作的一部分。除了当前所涵盖的功能测试（验证代码是否满足要求和规范）之外，还需要进行非功能测试。非功能性需求（NFR）涵盖系统的操作或质量属性，包括性能、可靠性、可用性和安全性。

自动化测试都致力于通过版本控制创建一个全面的测试套件。自动化测试到位后，在生产中部署代码时，代码按照设计运行的成功率就很高了。只要构建或自动化测试未能始终将应用程序代码保持在可部署状态，就不允许新的提交进入管道。这种做法类似于丰田生产系统中的拉动 Andon 电源线或停止电源线，可用高度可见的指示器充当信息辐射器，并提醒团队成员回滚提交或立即修复问题。

部署和发布流程

到目前为止所描述的持续交付部署管道可确保应用程序代码随时处于可部署状态，可以手动升级到生产环境。DevOps 中更高级别的能力需要更多的自动化和自助服务。像 Facebook 那样一次发布数十至数百个更新，就需要一个高度自动化的流程来将代码部署到生产环境中。将部署管道尽可能扩展，从而减少与生产部署相关的摩擦。

自动部署

由于职责分离的概念，在生产中通常是由运维团队而不是开发团队来部署代码。职责分离是企业中流行的一种控制机制，通过将任务分配给至少两个人来降低错误和欺诈的风险。然而，职责分离也带来了低效，由于部署是他人的职责，开发人员不会过多考虑如何使部署更易于管理。而 DevOps 通过使用不同的控制机制来最小化风险，如自动化测试、自动化部署和同行评审等，从而消除了这个问题。

当开发或运营团队中的任何人都可以在几秒钟或几分钟内通过自动化流程将代码部署到生产环境时，就会出现快速流程。要使"一键发布"方法发挥作用，必须具备三项条件：第一个是同步开发、测试和生产环境的共享构建机制；第二个是部署管道按版本控制创建可在任何环境中部署的测试包；最后是从测试到投产的自动化部署机制对于开发和测试环境是相同的，可以很好地演练部署。

在环境之间迁移代码时，自动化的脚本化部署过程可以取代许多传统步骤。脚本将代码和文件构建并打包到可重用组件中，运行测试，配置虚拟机或容器，将文件复制到生产服务器，迁移数据库，进行冒烟测试，对功能进行最低限度的测试等。任何有权访问生产环境的人都可以通过在版本控制中执行部署脚本来将软件包部署到生产环境中。

自动化脚本也有其局限性，因为如果没有持续的维护来跟上环境的变化，就会发生崩溃。脚本方法的一个扩展是使用许多可以扩展部署管道的 CI/CD 工具，这样在验收测试通过后，它们会触发脚本来部署应用程序。更高级的工具是一种模型驱动的部署方法，用户不编写脚本，而是指定所需的最终状态，工具协调跨系统规划部署过程，以使部署符合模型。最后，部署的极端形式是持续部署，开发中的所有更改测试成功后都会立即部署到生产。

发布流程

部署和发布这两个术语通常被认为是相同的，但实际上它们是不同的活动。部署是在特定的环境中安装或更新软件的过程。相比之下，发布指软件的功能被提供给部分或所有用户。部署可以触发立即发布，但如果软件功能并未按预期运行，就会招来客户抱怨，这是一个可怕的过程。为了降低风险，通常将发布与部署剥离。部署管道确保新的开发以低风险快速且频繁地部署到生产中。单独的发布流程可避免因新部署无法实现其预期目标而产生的风险。

几种不同的发布流程极大地降低了风险。一种通用且简单的模式是蓝绿部署。此模式由两个分别标记为蓝色和绿色的相同生产环境组成。任何时候只有一个实时环境在为客户服务，而新开发内容在另一个环境中部署和测试。在发布期间，切换环境，开发环境变为活动环境，而以前活动的环境变为新的开发环境，如果出现任何问题，很容易就能将流量恢复到另一个环境。

蓝绿发布在某些方面仍然与传统发布流程相似，即新版本的软件在大批量部署中完全取代以前的版本。对于将新开发内容部署到生产环境中的服务器子集的情况，有一种更复杂的渐进发布的方案：通过分配网络流量的设备——负载均衡器，将一小部分初始用户引导到新部署的服务器，如果一切顺利，则增加覆盖率，直到 100% 的用户接触到新版本。这种方法称为金丝雀发布。

金丝雀发布的命名来自一种小鸟，这种小鸟被矿工用来作为预警工具来检测矿山中的有毒气体。当毒气浓度足够强烈时，小鸟会停止鸣叫，矿工就要撤离。金丝雀发布新的开发，如果新发布使业务 KPI 恶化或无法满足非功能性要求，则在修复新版本问题的同时回滚到旧版本相对容易。还可通过向随机客户公开新功能的方式对新旧应用程序进行 A/B 测试。

蓝绿发布和金丝雀发布是基于环境的发布模式。将发布与部署分离的另一种方法是保持环境和服务器不变，而是通过应用程序代码来管理新功能的发布。功能切换是一种无须维护单独版本即可修改应用程序行为的强大方式。通过功能切换可以有选择地启用和禁用新功能，而无须更改生产代码。

有多种方法可以管理和切换功能。一种常见的方法是将新功能嵌入到条件语句中，根据应用程序文件或数据库中配置的条件语句实现功能的打开或关闭。切换可以为内部用户或部分外部用户打开功能用作测试，类似于金丝雀发布。如果该功能按预期执行，则会开放给全部用户，否则，切换将关闭。功能切换还可以通过秘密地向一小部分用户发布功能来实现暗启动，以便在广泛发布之前获得反馈。谷歌、亚马逊和 Facebook 常用这种发布方式，他们已将暗启动纳入其特性反馈工具 Gatekeeper 中[6]。

DevOps 度量

度量和反馈对于了解应用程序和系统是否按预期运行、目标是否实现及修复问题和快速创新是非常必要的。在部署管道级别，指标包括部署频率、更改交付周期、新功能或缺陷修复从启动到投产所需的时间、生产部署的故障率以及平均恢复时间（MTTR）等。MTTR 是从生产故障中恢复的平均时间。

在应用程序和基础架构级别，度量 KPI 非常有用，如事务和响应时间、服务可用性、CPU 和磁盘负载以及应用程序错误等。最后，必须进行业务级别的衡量，以了解应用程序是否满足其业务目标，如收入、成本节约或运营效率。有了全面且高度可视化的监测技术，就可以更容易地识别瓶颈、更早地检测问题，在生产问题很小时就进行修复，以及改进发布流程。

审核流程

DevOps 在部署和发布之前降低生产变更风险的方法依赖于同行评审和检查。讽刺的是，传统的变更控制反而增加了变更风险。需要高级管理层或多个利益相关者审批、评估提前期过长和文件过多等问题都会造成开销。这种高摩擦要么阻碍了更改和持续改进，要么导致开发人员将更改聚合到较少的大型部署中。变化越大，风险就越大。发布频率降低，开发人员收到的反馈就越少。审批者离工作越远，他们就越不可能理解这些问题，越有可能批准对生产有破坏性的更改。

DevOps 文化不鼓励外部审批，而是鼓励对变更进行同行评审，并将其应用于环境和应用程序代码的修改。那些最接近工作的人更容易发现错误。不过对于高风险变更，还应邀请组织的其他领域专家进行审查。评审过程还鼓励通过同行学习提高质量，因为很少有人愿意浪费同事的时间来评估不合格的工作。审查的最佳时间是在代码提交到主开发分支之前。在持续集成过程中，提交给主分支的更改是小批量的，这使得审查相对容易，审查的难度会随着更改的大小呈指数级增加[7]。

传统的同行评审过程依赖于开发人员本身的检查、演练会议或电子邮件系统。然而，更优雅的方法是使用专门的工具或功能。例如，流行的网络版本控制托管服务 GitHub 内置了轻量级代码审查工具。开发人员将代码提交到他们的本地分支，并定期将更改推送到 GitHub 上的同一分支。当更改准备好合并到主分支时，开发人员会打开一个推送请求来告诉其他人这个更改，通过添加一个摘要，并@ mentions 用户，通知他们有一个审查请求。审查者可以提交反馈并批准这个建议的合并更改，或者提供反馈要求进一步的更改，如有不批准的情况，则需要对请求发表评论，说明原因。

数据分析的 DevOps

相比那些领先企业的敏捷软件部署和发布，新数据产品的开发和发布速度通常非常缓慢。数据分析在采用 DevOps 文化和实践方面比软件开发晚了几年，不过可以从中获取经验，以创建快速的数据产品发布流程。

在某种程度上，数据分析领域采用 DevOps 理念较为缓慢，是因为它相对软件开发来说是一个更具探索性的过程。不过，与应用程序开发相比，很容易夸大探索性分析的额外循环所造成的瓶颈。正如前几章所强调的，数据科学家认为数据采集和清理是他们最大的瓶颈。过度探索性分析是由于无法或不愿意发布最小可行的数据产品所造成的。实现数据分析的持续交付变得复杂，原因有两个：首先，除了代码之外，数据也会导致额外的复杂性维度；其次，数据管道环境比软件应用程序更复杂，难以重现。

数据冲突

传统的应用程序体系结构是单体或分层的，由单个代码库或层次架构组成，这些代码库或层次架构具有多个层次，各层关注重点不同，诸如表示层、持久层和数据库层。单片分层应用架构很简单，但随着应用程序或开发团队的成长，它变得很难更改和扩展。整个应用程序或每层代码必须在每次更改时构建和部署，这增加了构建和测试执行时间，并限制了并行开发。代码的高度耦合意味着如果出现任何问题，就会破坏整个产品。

DevOps 鼓励使用微服务体系结构，这是一种面向服务的架构（SOA），其中，应用程序是一组模块化的小型服务，通过网络相互通信。例如，电子商务站点的微服务可以包括搜索功能、用户注册和产品评论。每个服务组件都简单、可重用，隔离的特性使其易于独立部署，不影响其他服务。微服务是低耦合的，意味着它们不相互依赖，因此，服务之间的通信要么通过中央大脑进行响应，要么通过每个服务订阅其他相关服务发出的事件进行响应。

数据分析的开发和架构不同于软件应用程序，它以数据产品的数据管道为中心。数据管道类似于工厂车间的操作。来自源系统的原始数据经过一系列步骤（如清理、转换和丰富）处理传送到数据产品中，数据产品可以是 BI 软件、机器学习模型或其他分析应用程序。传统的数据管道针对缓慢变化的数据仓库和报告进行优化。图 7-2 显示了一个传统的 ETL 数据管道。

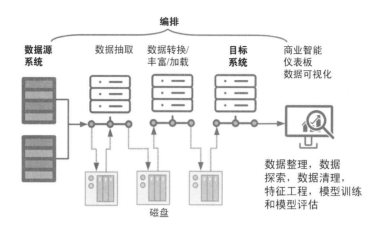

图 7-2　一个传统的 ETL 数据管道

在用于数据分析的传统数据管道开发中，处理步骤高度集中在 ETL 并按顺序执行。数据从源系统中提取、转换和加工，然后加载到目标系统中。目标系统可以是数据仓库、一些按重要维度（如时间段、地理位置、客户群）汇总数据的在线分析处理（OLAP）产品，或其他专门的分析数据集市。目标系统为用户提供可用于 BI 或高级分析目的的数据。

传统的 ETL 数据管道具有单体和分层应用程序架构的许多缺点，这些缺点使得快速流程开发、处理从开发到生产的过渡以及生产操作的管理都极具挑战性，即使发生很小的变化，紧密耦合的相互依赖关系和脆弱的联系也可能引发不可预测的后果。例如，从 segment 到 segment_membership 字段名称的简单更改或从文件中添加或删除字段的模式更改都可能导致重大的下游问题。一个步骤的失败可能需要重新运行整个 ETL 过程，而不仅仅是受影响的部分。

更大的麻烦是，数据管道中涉及大量的数据源、语言、工具和技术，这使得端到端的编排和测试极其困难。许多 ETL 工具仅针对结构化数据进行了优化，这使得使用半结构化和非结构化数据成为问题。在下一步开始之前，有许多连续的批处理步骤，如从磁盘读取数据、处理数据和写入磁盘，处理速度慢会造成高批量数据的性能瓶颈，使流处理和集成实时数据变得不可能。

经常会看到，即使是对 ETL 管道的简单更新或新数据源的集成也可能需要数月才能完成。这种数据变化处理的缓慢程度制造了一个真正的冲突：组织中的数据科学家、数据分析师和其他数据消费者想快速满足客户的需求，但负责 ETL 的 IT 团队不喜欢任何可能破坏流程并需要维护数据治理的东西。DevOps 文化和实践解决了数据分析的这一冲突，但挑战比软件开发更大。

数据管道环境

每个企业都需要创建新的或改进现有的数据产品，这一切都依赖于数据管道。当代的数据管道已超越了服务于数据仓库、数据集市和 OLAP 的 ETL，还包括机器学习模型、数据可视化等。这可能需要数百甚至数千条新的数据管道，但创建和修改管道的传统方法速度不够快，无法满足当前需求。端到端地创建从源到数据产品的数据管道，以及对生产数据管道的更新，都需要尽可能快速和自动化。

与软件开发类似，新的 DataOps 开发是在生产数据管道的备份环境中进行和测试的。在部署之前使用相同的工具和语言有利于自动化和快速开发，但是，复制和构建按需生产数据管道、数据管道编排和源数据集并不像软件应用程序环境那么容易。例如，可能有多个异构数据源，许多数据提取、转换、加载作业和工具，多个流处理阶段，包括虚拟、容器和分布式计算在内的各种计算集群，各种 ETL、数据准备、数据科学和 BI 工具，以及涉及分布式文件系统中的数个 PB 级数据。

DataOps 平台还处于起步阶段，试图解决在复杂的大数据环境中创建并快速部署数据管道的难题。很多平台，如 Infoworks、Nexla 和 Streamset 等，都旨在大幅减少构建批处理和流式管道所需的时间。这些解决方案能够在一个平台内集成各种数据源、实现版本控制更改、监控性能、实施数据安全、跟踪数据沿袭、管理元数据、在生产中高效部署和编排管道等。这些平台提供自助式图形用户界面（GUI），可以消除因缺乏数据工程资源而造成的瓶颈。

除了使用基于 GUI 的平台，一种替代方法是将管道任务视为与软件应用程序相当的代码，并结合 DevOps 原则（配置即代码和基础设施即代码）去管理运行环境中的变化。这种方法允许采用 DevOps 工具和实践来开发、构建、测试、部署和发布数据管道，这也是 DataOps 平台和 DataKitchen、dbt 等工具青睐的方法。

最后，即使在使用基于 GUI 的 DataOps 平台时，也存在不在平台范围内的代码开发需求。为 DataOps 提供自动化和自助式 DevOps 要满足以下几个要求：

- 对管道中的数据进行监控和测试。
- 基础设施、数据管道工具和管道编排配置纳入配置管理工具中并接受版本控制。

- 数据管道和管道编排代码纳入版本控制。
- 具备数据管道和管道编排的可重用部署模式。
- 团队使用持续集成 CI。
- 技术栈得到简化。

数据管道开发人员通常是数据工程师、数据科学家和数据分析师，需要独立的预生产环境来开发和更新数据管道。手动创建单个环境容易出错且难以审核，并且不能保证与最终生产环境的一致性。共享环境有很多问题，一个用户所做的更改可能会破坏其他用户的环境，并且很难确定导致测试失败的原因是代码、数据，还是环境中的哪一个发生了更改。

配置编排和配置管理工具可以替代多个用于创建生产管道及其环境的自定义 Shell、Perl 或 Python 脚本和图形界面。这些工具通常使用易读的 YAML（YAML 不是标记语言）或域特定语言（DSL）来部署基础设施和应用程序、安装软件包及配置操作系统。

配置对开发中系统和数据的访问以反映生产环境也很重要，否则就存在一个风险：由于不同的安全级别，开发数据管道依赖的系统可能在生产环境中无法访问。"基础设施即代码"和"配置即代码"与版本控制相结合可确保生产和开发环境保持同步，因为它们是由相同的代码构建的。

通过使用虚拟机和容器，可以对重现数据管道的某些复杂性做进一步抽离。Vagrant 是一种通过格式框简化虚拟机构建和共享的工具。当它结合配置管理工具安装软件和更改配置时，启动格式框可为任何机器上的任何用户创建相同的环境。

容器越来越多地取代虚拟机，因为它们更易于配置、启动速度更快且更易于组合以创建端到端管道。Docker 是最流行的应用程序容器平台，Docker 镜像是自包含容器的快照，其含有运行应用程序所需的一切，包括环境、代码和各个依赖项。与虚拟机不同，容器共享主机操作系统，这使它们成为创建易于跨多个环境传输的应用程序的轻量级解决方案。

相应的容器（如 Docker 引擎）在任何地方运行时，都将以相同的方式运行。与 SOA 和微服务一样，将整个数据管道分解为松耦合、简单、可重用和独立的任务，让它们在单独的容器中运行，可以更轻松地测试对数据管道的更改。数据管道开发人员只需要知道如何调用与其他容器的接口，而不必担心对它们内部运作的影响。

数据管道编排

除了基础设施、软件和应用程序代码的自动部署之外，还有一个额外的编排要求。从原始数据到数据产品的数据管道通常（但不总是）遵循有向无环图（Directed Acyclic Graph，DAG）数据结构，即节点表示存储或处理数据的任务，边表示数据流。节点之间的连接是定向的；数据不能反向传播；一个中间任务的输出是另一个任务的输入。DAG 是非循环的（非圆形），因为从一个节点移动到另一个节点后再也不会返回前一个节点。

DAG 通常需要编排，因为不同组件之间存在的依赖关系本身就形成了一个特定的顺序。不管怎样，随着实时流架构的兴起，精心编排的 DAG 变得越来越普遍。此类架构通常基于 Apache Kafka 或其他发布订阅系统，这些系统中的任务是通过订阅其他任务和服务发出的事件数据而触发的。

Apache Airflow 是最常见的开源平台，用于创建、调度和监控非流数据管道的 DAG 工作流。Airflow 工作流协调 DAG 或传感器中各个"操作员"及其依赖项。"操作员"是一类任务定义，而传感器检查数据结构或过程的状态。

Airflow 为日常数据工程任务提供了许多"操作员"和传感器，包括但不限于执行 Shell 命令、处理 SQL 查询、在 Docker 容器中运行命令，以及暂停相关任务的执行直到条件具备，如文件可用性被满足。工作流是可配置的 Python 代码，这使得它们通过用户定义的参数、宏和模板轻松实现可扩展、可测试、可重现和动态管理。由于 Airflow 工作流是作为代码进行配置的，所以很容易将生产数据管道的编排视为版本控制中的另一个配置项，以便在预生产环境中进行重建、开发和测试。

数据管道持续集成

数据管道有许多编排的任务，可能会使用多种工具和语言（如 SQL、Python 和 Java）来提取、清理、加工、集成和转换数据。然而，所有任务最终都涉及将代码中的逻辑应用到数据中，并且代码应该纳于版本控制以及作为编排代码的伴随配置中。图 7-3 展示了一个机器学习训练数据管道分解成任务的示例，相应的代码全部纳入版本控制。

数据管道任务的版本控制有多种好处。它便于重建，允许众多团队成员在数据管道上并行工作，鼓励共享最佳实践，提供更改的可见性，更容易发现错误，支持持续集成。使用版

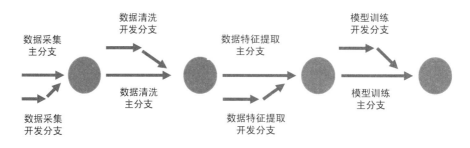

图 7-3　机器学习训练管道的版本控制分支

本控制中的数据管道任务代码，管道开发人员可以在部署到生产之前对开发分支进行较小的更改、提交拉取请求、审查代码和测试更改。

在 DataOps 中，数据管道开发人员负责向其代码中添加测试和监控。监控和测试的范围可以是整个数据管道、多个任务、DAG 中的单个任务，甚至任务中的单元。数据管道任务是功能模块化的，因为输出仅取决于输入数据和代码（参数设置），这是一个理想的黑盒测试形态。在黑盒测试中，不需要知道任务的内部工作过程，只需要知道输入和输出。第 6 章中描述的数据完整性、数据正确性、数据一致性、数据准确性和数据统一性的检查，都可以纳入整个数据管道的组件测试任务、集成测试顺序任务或端到端的全流程测试中。例如，黑盒测试可以验证输出元数据，包括记录数、值范围之外的数据点、平均值和标准偏差值、平均字符串长度以及被拒绝的记录数信息等。

任务内部结构的白盒测试也很有价值，需要检查任务代码的内部工作过程。可以在任务中添加单元测试，检查字段名称是否正确、是否删除了错误数据，或者字段的丢失率是否高于阈值，以检查管道代码的更改正确地实现了目标。进行更改后，应运行回归测试以确保新更改没有在其他地方引入新缺陷。

测试被添加到版本控制中，因此每次对数据管道代码进行更改时，都可以作为自动化持续集成（CI）过程的一部分运行。许多非功能性测试，如延迟 KPI、密码创建和身份验证的安全测试、访问控制策略、开放端口扫描、云存储或敏感数据的暴露、漏洞代码分析等，都可以自动化。

事实上，数据管道中有两个活动的部分——数据和代码，这使测试复杂化。生产数据库、数据湖、分析数据库和数据仓库中的数据会随着新数据的采集、更新、转换和删除不断变化，如果没有固定的测试数据集，很难知道开发和生产管道输出之间的差异是由于代码更改还是数据差异造成的，同时也无法保证今天对生产管道中数据发出警报的那些监控和检查代码是否足够全面，明天也能检测出数据问题。在开发和测试期间添加的用于查找代码缺陷的新测试也应附加到生产数据管道的现有监控和检查中。随着时间的推移，测试的数量和粒度会增加，以便更早地捕获开发代码和生产数据中的缺陷。

过去，IT 部门使用测试数据填充环境以支持应用程序开发。该过程通常是手动、缓慢且容易出错的，会导致更新不频繁并只能提供少量的样本数据。当不合适的陈旧测试数据无法防止生产中出现缺陷时，开发人员会在等待数据供应或返工期间浪费时间。测试数据管理（TDM）是管理应用程序测试数据的过程。TDM 对于数据分析比软件开发更为关键。数据往往比分析代码更复杂。不像在机器学习和人工智能的情况下，模型代码本身只是数据的函数。不同的数据集也会导致不同的模型代码。

数据管道开发的自动化测试需要快速、安全地提供适合目标的测试数据。测试数据必须反映基于时间戳而不是当下处理数据时的状态。数据可能会延迟到达，或者在处理后进一步更新和清理，因此其当前状态可能无法反映将来要处理的数据状况。

理想情况下，测试数据应该是生产数据的完整副本，并遵守数据分类政策。如果无法将完整副本加载到预生产环境中，则大样本是次优选择。必须注意确保样本具有生产数据的代表性分布，并且开发的代码能够扩展到生产数据集的大小。数据样本的另一种选择是通过脚本生成旨在模拟生产数据的假测试数据。然而，除了敏感数据的模糊和屏蔽，或者不需要再现真实数据复杂性和缺陷的情况外，并不推荐模拟数据模式。

Informatica、Delphyix 和 CA TestData Manager 等商业测试数据管理工具也可以快速提供测试数据集。这些软件可以在特定时间点交付数据集快照，可将开发成果与已知的生产输出进行比较并实施安全策略，敏感数据可在交付前被屏蔽，同时保持数据的参照完整性。自助式自动化 TDM 可以在几分钟内从不同的数据源镜像生产数据。

简化和重用

把 DevOps 理念应用在 DataOps，其最后阶段是自动化管道环境的构建，并为数据管道开发人员提供创建、测试和部署更改的自助服务能力。但是，数据管道中各种服务（如 Hadoop、Amazon S3、SQL Server 和 Amazon DynamoDB）的混合可能成为重建和自动化的障碍。如果整个生产数据管道无法重建，目前的最佳解决方案是将生产数据管道拆分转化为可重建的子 DAG 和任务通道，用于单元和集成测试。尽管如此，除非子 DAG 的编排是自动化的，否则端到端和回归测试执行起来会很痛苦。自动化前必须首先进行简化。

当技术栈中的异构性较少时，DevOps 的有效性才会提高。复杂性增加了出错的可能性并减慢了部署的流程，团队很难扩展他们的专业知识，且无法在不同数据管道中应用一致的模式。采用版本控制后，数据分析团队的重点工作应该是标准化和简化他们使用的技术工具，无论是语言、库或数据库还是数据工程工具。图 7-4 展示了如何使用 Apache Spark 来减少和简化构建数据管道所需的技术数量的示例。

图 7-4 Apache Spark 中的模型训练管道

Spark 可以进行批处理和流数据处理，可以从众多数据源提取多种格式的文件，可在个人计算机或服务器集群上独立运行，并产生从简单汇总表到机器学习模型的多种类型的输出。

许多其他架构也可以简化和标准化技术栈，包括容器、托管云基础架构及新兴的 DataOps 平台（提供基于多种大数据技术的标准自动化工作流程）。

然而，简化过程并不是数据分析师、数据科学家和数据工程师独自选择他们最喜欢的工具的借口，还应该咨询运营团队，以确定什么工具在生产中最有效。

借助标准化技术，可以更轻松地创建灵活且可复用的数据管道。现代数据管道不仅仅是与数据仓库或报告紧密耦合的 ETL 孤岛。它可能只是将数据从一个系统移动到另一个系统，或者执行一下 ELT，将其中的源数据提取并加载到目标系统中以供后续转换。数据管道可以处理流式数据和批量数据，而且它的目的地不一定是数据库或其他存储介质，它也可能是触发另一个进程的事件使用者。当代数据管道的灵活性允许它们松散地耦合在一起以形成更复杂的数据管道。松耦合的管道更易于开发、测试、部署和重用。

标准化、简化和重用不应局限于技术和数据管道，而应通过遵循"不重复自己"（DRY）编程原则来涵盖数据管道和编排代码本身。数据管道中的代码采用参数化模板运行时读取外部配置的方式后，大部分代码就可以实现重用。例如，可以通过读取外部 YAML 配置文件的模板化脚本动态生成 Airflow DAG，进而生成具有所需操作符的工作流。参数化和模板使 DataOps 团队将作业的复杂性降低到了只需不断修改变化的配置值即可，使他们可以将工作重点放在快速交付数据管道的新增改进上。

MLOps 和 AIOps

尽管有时会与 DataOps 混淆，但 MLOps 和 AIOps 是两种相似且互补的方法。MLOps 是数据科学家和运营团队之间协作的实践，以管理整个机器学习（ML）生命周期中的模型。Gartner 创造了 AIOps 一词，它代表人工智能运营[8]。AIOps 使用数据和机器学习功能，通过提供持续洞察力来增强 IT 运营能力。

具有讽刺意味的是，许多 IT 企业为其利益相关者构建了复杂的大数据和数据科学系统，但未能使用数据和高级分析来监控和改进他们自己的 IT 运营。IT 环境和系统的复杂性和数量呈爆炸式增长，这使得创建可靠的手动监控或性能监控变得非常困难。AIOps 将机器学习应用于现有 IT 数据源，如日志事件、应用程序告警和网络性能监控数据。机器学习模型可识别性能数据中的实时异常，并执行自动的根本原因分析。预测分析可以提前发现问题，而异常检测减少了与手动阈值相关的误报。AIOps 使 IT 运营团队能够专注于最关键的问题并最大限度地减少由于操作事故而导致的停机时间或 MTTR。AIOps 是对 DataOps 的补充，可轻松扩展以监控数据管道操作。

机器学习模型开发

MLOps 将 DataOps 和 DevOps 的元素结合到自动化和生产机器学习算法的过程中。机器学习为代码、环境和数据添加了一个额外的维度，以模型的形式进行配置管理和提供可再现性。机器学习由两部分组成，即训练和推理。

模型训练管道是一种特殊类型的数据管道，包括数据获取、数据整理、数据探索、数据清理、通过数据转换进行的特征工程、模型训练和模型评估。在训练过程中生成的模型和相关代码在生产中发布并应用在推理阶段，以对新的观察结果进行预测，如实时欺诈检测或产品推荐等。

模型与其他大多数数据产品之间存在两个关键差异：首先是模型训练的开发管道没有投入生产，只有推理所需的代码和组件投入了生产；其次是最终概念模型的漂移将需要重新优化模型，即使使用的目标、标签和特征保持不变，也要通过创建新的代码和组件来重新训练。因此，怎样能轻松更新生产模型变得非常重要。

开发中的机器学习培训和生产中的推理过程听起来很简单，但付诸实践时却极具挑战性。直到现在，许多企业可能需要几个月的时间来部署模型，而部署之后，模型通常不会再进行训练。在生产中部署模型以进行推理的困难与开发人员和运营团队之间的冲突没有什么不同。

机器学习模型投产

与数据分析和软件发布一样，模型发布和重新训练的速度越快，企业收到的反馈就越快，就越能更好地实现其目标。然而，实现机器学习从开发到投产的快速流程还存在一些重大障碍。

机器学习模型通常由数据科学家离线训练，他们使用 R 或 Python 等语言附带的库和包在本地机器上运行实验。数据科学家将迭代模型训练管道，实验新的数据源、数据预处理技术、特性和算法，他们对经过训练的模型准确性感到满意时，就可以将模型部署在生产环境中进行推理了。

模型训练管道的输出是模型代码（基于机器学习算法训练数据将输入转换为输出的逻辑）以及预处理输入和工程特征所需的任何代码。模型训练管道的探索性和迭代性创造了许多训练数据集和模型，加上数据科学家缺乏软件开发技能，使得向生产的过渡异常困难。

能否在生产中复制模型和相关代码取决于配置项的版本控制策略，因为模型代码通常依赖创建它的框架来运行。模型代码本身也是一个配置项，因为它不一定是产生最准确模型的最终训练实验，因此之前的迭代必须可以重现。数据科学家可能会忽视版本控制和配置管理，或者使用诸如笔记本之类的开发工具，这些工具不太适合进行版本控制。

部署到生产环境需要工程师重构特定的探索性代码，使其在生产环境中高效运行，或者有时完全用更适合快速、可靠生产和操作的语言（如 Java）重写模型代码。生产推理模型的输出必须与经过训练的模型输出进行对比测试，要确保测试过程采用了相同的测试数据集。如果没有数据集的版本控制，就无法知道测试数据集是否与用于模型训练的版本保持一致。

在评估机器学习模型时，离线测试是不够的，因为实时数据与训练数据肯定不同。为了验证预期结果，模型应该以与软件开发新功能相同的方式进行蓝绿部署或金丝雀发布。生产模型的性能必须基于基线进行监控，基线可以是以前的生产模型，也可能从来没有模型。当性能下降时，模型需要重新训练。

模型的重新训练需要使用新数据迭代模型训练管道，有时这会导致模型参数（从数据中学习的变量）和超参数（调整模型的值）发生变化。更新生产推理模型的参数和超参数相对简单，但是，由此产生的很多重要变化，如新的数据预处理步骤、新的输入数据，甚至是新算法（例如，用随机森林替换逻辑回归），都需要对生产推理模型及其集成应用进行大量修改。如果过度依赖手动步骤来部署、发布和重新训练模型，则会减慢交付速度并降低机器学习可以为企业增加的价值。

允许数据科学家训练、部署和操作他们的机器学习模型所获得的价值促使 Uber 等一些公司开发了内部自助服务基础设施[9]。幸运的是，MLOps 是一个活跃的开发领域，许多供应商正在创建服务和工具来简化机器学习的生命周期管理。

对于加速训练和推理之间的循环这一挑战，最简单的解决方案是使用一个或多个 MLOps 服务或软件解决方案，使数据科学家能够以自助服务模式完成开发、测试、部署、发布和重新训练的工作流。解决方案包括 Amazon Sagemaker、Google Cloud AI Platform、Microsoft Azure 机器学习服务、MLflow、Seldon、MLeap 和 Kubeflow 等，用于管理机器学习从训练到部署的生命周期。Domino Data Lab 和 Dataiku 等数据科学平台也包含模型管理功能。模型和数据的版本控制是一个不太成熟的领域，但 DVC、ModelDB、Pachyderm 和 Quilt Data 是几个很有前途的开源库。

总结

DevOps 的文化和实践是 Facebook、Google、Linkedin、Amason 等公司发展到今天的一个

主要因素。如果没有采用 DevOps 敏捷实践将导致越来越多的工作积压，发布延迟和彻夜奋战的运营团队。相反，领先的企业可以每天发布多次，而客户接触到的软件缺陷比以往任何时候都少。

许多企业在数据团队方面遇到的问题类似于将软件开发快速转化为生产中可靠的系统。竞争的优势依赖于快速的上市时间和持续的实验。无法高速开发和部署数据管道和数据产品的企业最终会输给能做出有效决策的竞争对手。DevOps 的思维方式和实践方法对于提高数据分析的创新和成功率至关重要，这些挑战要比软件开发更重要。

DevOps 不仅仅是应付评估的那些概念上符合 CALMS 理念（文化、自动化、精益、度量和共享）的持续集成环境或基础设施，还包括了组织的协作文化、自动化水平、持续改进和快速工作流程的能力、绩效衡量以及责任分担和沟通。同样，DataOps 不仅仅是用于数据分析的 DevOps，因为数据管道的部署本身并不是业务。DataOps 通过更高效的数据分析帮助组织做出更好的决策。DataOps 从 DevOps 中受益，但也需要精益思维、对变化的敏捷适应性、对数据的信任，以及成功所需的员工文化和企业。如果没有这些基础，DevOps 也无法为数据科学与分析带来很多好处。下一章将探讨人员方面的 DataOps。

尾注

［1］ Leandro DalleMule and Thomas H. Davenport，What's Your Data Strategy，Harvard Business Review，June 2017. https：//hbr. org/2017/05/whats-your-data-strategy

［2］ Chuck Rossi，Rapid release at massive scale，Facebook Code，August 2017. https：//code. fb. com/web/rapid-release-at-massive-scale/

［3］ Nathanial Popper，Knight Capital Says Trading Glitch Cost It ＄440 Million，New York Times，August 2012. https：//dealbook. nytimes. com/2012/08/02/knight-capital-says-trading-mishap-cost-it-440-million/

［4］ Gene Kim，Jez Humble，Patrick Debois，and John Willis，The DevOps Handbook：How to Create World-Class Agility，Reliability，and Security in Technology Organizations，October 2016.

［5］ Mike Wacker，Just Say No to More End-to-End Tests，Google Testing Blog，April 2015. https：//testing. googleblog. com/2015/04/just-say-no-to-more-end-to-end-tests. html

［6］ Chuck Rossi，Rapid release at massive scale，Facebook Code，August 2017. https：//code. fb. com/web/rapid-release-at-massive-scale/

［7］ Jason Cohen, 11 proven practices for more effective, efficient peer code review, IBM Developer, January 2011. www. ibm. com/developerworks/rational/library/11-proven-practices-for-peer-review/index. html

［8］ Andrew Lerner, AIOps Platforms, August 2017. https：//blogs. gartner. com/andrew-lerner/2017/08/09/aiops-platforms/

［9］ Jeremy Hermann and Mike DelBalso, Scaling Machine Learning at Uber with Michelangelo, November 2018. https：//eng. uber. com/scaling-michelangelo/

8

第8章

DataOps组织

组织结构不仅对产品产出速度有巨大影响，而且对团队生产的产品及其质量也有巨大的影响。任何在具有严格等级的组织结构中工作过的人都知道，组织结构通常比任何技术决策更能影响产品的生产与否。

例如，在传统的分层架构中，向报表中简单地添加新数据源需要负责该层的多个独立职能团队进行协调。跨层垂直切割需要源系统所有者、ETL开发人员、数据库架构师、数据库建模人员、数据库管理员、BI开发人员和前端开发人员进行沟通、商定和协调更改。这个过程缓慢而痛苦，因为结果的责任分散在各个团队之间，每个团队都有各自的优先事项和时间表。

关于海军有句谚语，"舰队以最慢那艘船的速度前进。"然而，数据分析必须按照组织要求的速度来实现其目标，而不是按最慢部门的速度。当组织结构和文化不经意地将所有事情都拖慢时，就很难做到敏捷。DataOps要求以数据为中心目标组建团队，同甘共苦来消除障碍。

团队结构

梅尔文·康威（Melvin Conway）博士是最早研究团队组织对知识工作产出影响的科研人员之一。在他1968年的论文"How Do Committees Invent"中，康威观察到设计系统的架构受制于产生这些设计的组织的沟通结构[1]。康威的结论被总结为康威定律并以各种形式被引用，其中最著名的一个是 Eric S. Raymond 的总结："如果你有四个小组分别在开发同一款编译器软件，你将得到四个有不同结果的编译器"。[2] 自从康威的论文发表以来，包括哈佛商学院[3]和微软[4]在内的许多研究人员已经证明，组织结构与系统设计、架构和结果密切相关。

面向职能的团队

团队成员的调整主要聚焦于两种主要的模型——职能模型和领域模型。职能导向的团队围绕技术专长进行组织，面向领域的团队围绕市场、价值流、客户、服务或产品进行组织。

职能导向是组织分工的传统方法，尤其是高技能职业。专业知识集中在基于工具或技能集的团队中。例如，数据科学家、BI 分析师、数据工程师和数据库管理员都在不同的团队中。团队之间没有资源重复，专业人才一旦有需要就会被分配到新项目中，或者调整到一个高优先级项目。这种类型的结构经过优化，可以最大限度地利用稀缺人才，从而最大限度地降低成本。

职能导向的优势在于，相似的个体聚集在一起，这有助于彼此深化，而不必扩大特定单元内的技能。许多组织首先为他们的数据科学和数据工程团队组建一个集中的团队，但很快就遇到了交付冲突的组织变革问题。

当分析团队规模较小时，集中式团队或咨询模式是可行的，数据分析的价值来自报告和决策科学，通过一次性分析帮助利益相关者回答特定问题。然而，如果价值来自为组织的众多角色快速和规模化地创建自动化数据产品（如机器学习模型）的能力，考虑开发数据产品所需的数据源、基础设施以及技能的复杂性和多样性，就需要重新评估孤立的职能导向团队模型。

对精益思想和瀑布式项目管理的理解会使资源利用率最大化的职能导向的缺点变得明显。个人对他们如何为整体组织目标做出贡献知之甚少，这导致利益相关者无法积极主动地参与工作，由于误解而导致大量返工，无法优化整体以及缺乏动力。图 8-1 显示了工作如何在集中式职能团队中流动。

每个职能团队都很忙，但由于所有权分散，最终产生的价值很少。还必须协调工作并不断将工作移交给其他团队，从而导致排长队和延迟，尤其是在需要进行意外迭代的情况下。来自组织多个领域的专业团队的持续反应性需求需要在层次结构中多次调整优先级，以致减缓决策制定并破坏计划。本地资源利用率最大化带来的所有节约通常都会因为在整个数据产

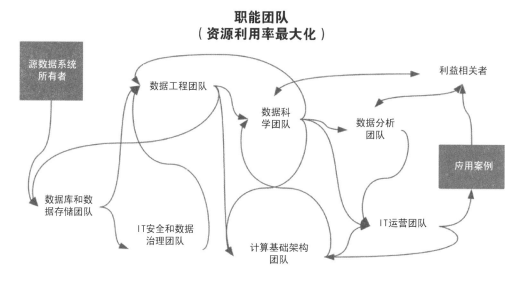

图 8-1　集中式职能团队的工作流程涉及复杂的协调和许多交接

品生产线上延迟而被抵消。

职能导向的团队有可能做到快速交付，但这需要大量努力和投资才行。数据产品生产线中涉及的每个职能团队必须有相同的组织目的和目标。资源利用率不应该是目标。应有足够的空闲时间，以便团队之间不会过多地排队等候，从而可以加快重点任务。为避免成为瓶颈，职能团队必须向其他团队提供自动化的自助服务解决方案，以便他们可以按需访问数据、平台、环境和监控等。

面向领域的团队

面向领域的团队由许多跨职能团队成员组成的非分层扁平团队组成。面向单个领域的团队拥有开发和管理从原始数据到最终数据产品的生产线所需的全部或大部分技能。例如，一个由数据科学家、数据分析师和数据工程师组成的自给自足的团队可以显著减少外部依赖。跨职能领域团队不再需要在多个职能团队之间传递任务来完成工作，因为团队可以独立完成交付。

面向领域的团队最初似乎效率低下，因为他们不能保证始终发挥每个人的技能。然而，有些松懈是件好事，因为它可以为创新和加快优先事项的能力留出时间。这种类型的组织结构优化了响应能力和速度。更快地工作胜过任何低效的资源利用，在统筹考虑到职能组织中所有等待和阻塞工作的总成本之后更是如此。

当团队以领域为导向以提高速度时，DataOps 的效果更容易实现。个别团队成员使用他们独特而多样的技能来拥有和实现共同的目标。与职能团队相比，团队对结果拥有更大的所有权，并且可以看到他们的努力如何为最终目标做出贡献。

在极端情况下，面向领域的团队负责数据产品整个生命周期中的开发、测试、安全、生产、部署、监控、缺陷修复、迭代改进和实验。这些团队能够在不依赖其他团队的情况下进行交付。

大多数敏捷软件开发团队都是小型、跨职能、面向业务领域的，以使产出物与团队保持一致。亚马逊是最早从单体架构转向微服务架构的公司之一，但他们认识到必须首先进行组织变革。正如微服务松耦合一样，亚马逊创建了可以构建和拥有服务而彼此之间几乎没有依赖关系的团队。他们颠覆了传统，根据他们想要的 IT 架构设计他们的组织结构，而不是让组织结构影响 IT 架构。

大多数技术独角兽也被认为是数据分析领域的领导者，这并非巧合。大多数成功的科技公司都拥有面向领域的数据科学和工程团队，将数据科学家和数据工程师整合到跨职能的业务团队中，或者为面向领域的产品工程团队提供数据平台。

例如，奈飞（Netflix）的数据科学和工程团队与其垂直团队、内容、财务、营销、产品和业务开发团队保持一致，并负责分析、报告、建模和工程[5]。在 Facebook 的基础设施团队中，数据科学家和基础设施工程师在网络工程、存储基础设施和发布管理等统一团队中工作[6]。

跨职能的面向领域团队也有其缺点。面向领域为职业发展、知识共享和持续招聘带来了挑战。即使拥有自给自足的跨职能团队，重用数据管道的代码和开发模式也很有价值。当每个团队重复造轮子时，就会造成浪费。

主要有两种方法可以在不重新引入过多的通信开销和协调问题的情况下降低面向领域的成本：第一种是通过非正式的协调角色松散地连接团队；第二种是通过正式的中心辐射模型将团队和团队成员联系起来。

声田公司（Spotify）提供了一个采用分会和公会[7]模式来松散连接团队的示例方法。分会包含在相似领域工作、具有相似技能的人。例如，在某个事业部的数据工程师会定期开会讨论他们的专业知识和遇到的挑战。协会是整个组织中共享知识、工具、代码和实践的兴趣或实践社区，包含相关领域分会的所有人员。还有一种方法是在团队之外创建特定的协调角色，例如，数据解决方案架构师，负责为最佳实践提出建议并防止解决方案碎片化。

中心辐射模型通过中心团队（如卓越中心）维护面向领域的团队之间的连接，该团队负责协调其他团队之间的最佳实践和一致性。与独立的敏捷软件开发团队不同，DataOps 团队实现自给自足所需要的不仅仅是按需访问环境、工具、服务和监控，DataOps 团队还需要自助访问数据，否则，他们无法开发数据管道或数据产品。由于此要求在所有 DataOps 团队之间共享，因此把数据平台功能放在一个集中但不孤立的团队中是有意义的。

中央数据平台和面向领域团队之间的交互是一个双向过程。数据平台团队提供对数据和基础设施的自助访问，作为回报，面向领域团队帮助数据平台团队了解他们应该构建什么功能以及他们应该提供哪些数据以供重用。

图 8-2 显示了面向领域的团队如何与特定的组织领域而不是工作职能保持一致。

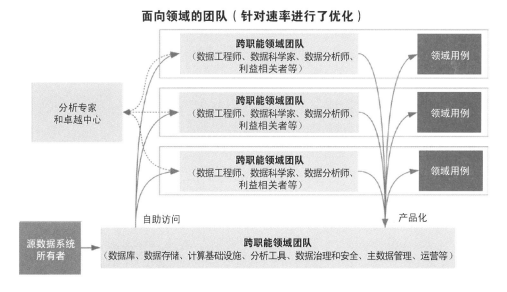

图 8-2　面向领域的中心辐射团队模型

新技能矩阵

建立数据分析能力并不是雇用十几名博士数据科学家并等待奇迹发生那么简单。数据分析是一项团队运动，其中 DataOps 角色分为两类：通常对数据操作团队的成功至关重要的核心角色和根据需要出现的支持角色。

角色是描述人员工作职责和技能的最简单方法。组织中有许多人使用不同的职位头衔来承担类似的职责或担任相同专业的职位，这些职位聚集成角色。例如，数据分析师、商业智能分析师、营销分析师和产品分析师可能会使用类似的工具和技术，但针对不同的领域和利益相关者开展类似的活动。

核心角色

核心角色包括数据平台管理员、数据分析师、数据科学家、数据工程师、DataOps 工程师、团队负责人、解决方案专家和组织利益相关者。

数据平台管理员拥有为数据工程师的数据管道提供数据源的数据基础设施，并至少拥有一些可操作生产输出的基础设施。这些数据平台专家负责数据湖、数据仓库、应用程序数据库、数据集市、流处理等。数据平台管理员还负责构成数据分析生态系统的其他组件。

数据平台管理员通过管理容量和工作负载来确保基础设施和组件发挥其潜力。他们还负责其他数据管理职责，包括源系统的数据集成、主数据管理、数据治理、数据安全、跨平台数据共享和访问控制。

数据分析师理解和分析数据以影响业务决策。有许多不同类型的数据分析师，包括营销分析师、财务分析师、产品分析师、销售分析师和运营分析师。数据分析师查询、清理、探索、解释和可视化数据，以报告洞察和建议。他们需要擅长计算，并且能够使用数据库和其他数据源系统，如商业智能工具、Excel 和 R 语言。但是，通常不期望他们使用大数据技术或机器学习，因为他们专注于描述和诊断分析问题。

数据科学家涵盖了广泛的多学科领域，这使其角色比其他角色更难定义。与数据分析师不同，数据科学家使用更先进的分析技术和应用研究进行预测和规范分析，从数据中获取知识，帮助组织使用数据做出决策。数据科学家可以使用推理统计分析，例如，通过验证假设来通知决策者或使用机器学习来构建自动化预测系统以辅助检测。

通才型数据科学家通常对统计和机器学习编码语言（如 Python 和 R 语言）有深入了解，并精通数据可视化。他们通常还非常了解如何从分布式存储、关系数据库和 NoSQL 数据库中提取数据，以及如何在 Apache Spark 等大数据框架上处理结构化、半结构化和非结构化数据。一个人几乎不可能成为数据科学中每个领域的专家，因此将这种通才型数据科学家比喻为独角兽。大多数数据科学家专攻数据科学的一个分支领域，如自然语言处理或计算机视觉。

数据工程师使用他们的软件工程专业知识在数据基础设施平台上构建数据管道和管理数

据集。他们负责将数据输入平台，并确保数据以正确格式在正确的系统出现，供数据科学家、数据分析师及其工具使用。一直以来，数据工程师以数据库为中心，专注于填充数据仓库的 ETL 过程。而现在，数据工程师更有可能以管道为中心，从分布式存储或流式数据源构建特定数据管道的用例。

数据工程师应熟悉大数据技术和编程语言，如 SQL、Java、Python 和 Scala。一些数据工程师还有数据存储和分布式系统的架构设计能力。

如果一个集中的或职能导向的团队负责运营，当数据工程师想要部署新的数据管道或数据科学家想要部署新的数据产品时，就可能出现摩擦。最好通过 DataOps 工程师角色消除障碍并将运营能力集成到 DataOps 团队中。

DataOps 工程师与团队的其他成员合作，使数据管道和数据产品的频繁和快速发布成为可能。DataOps 工程师知道如何在数据平台、部署、测试、发布、安全和监控流程中管理和自动提供环境及数据。他们拥有必要的软硬技能，可以与多个团队和角色合作，主动推荐架构、流程和工具方面的改进。

团队负责人是一个由数据分析师、数据工程师、DataOps 工程师和数据科学家组成的自组织团队的仆人式领导者。团队负责人负责让团队专注其目标，通过与更广泛的组织互动消除障碍，管理报告，组织会议和回顾，保持团队内部的开放沟通，并指导团队实践 DataOps。

解决方案专家具有扎实的技术背景，除了日常工作外，还指导团队的其他成员进行算法、设计和架构决策。他们的亲自实践使其与传统解决方案或技术架构师区别开来。他们通常是高级数据工程师或高级数据科学家，会花部分时间引领、指导和训练团队成员进行最佳实践。他们为组织架构、框架和模式的开发做出贡献，同时确保团队在适当的时候使用它们。他们确保团队遵守标准、开发生命周期和质量保证流程。

组织利益相关者是受团队工作影响的人。根据团队或组织的不同，角色可以代表许多不同类型的人。利益相关者可以是各种各样的人，如团队成果的最终用户、高级领导、项目经理、产品经理、团队的预算负责人或客户代表。有时，利益相关者会希望自己能直接访问数据平台，以便承担一些数据分析师和数据科学家的任务。

核心角色并不是特定的人或职位。并非所有 DataOps 团队都包含相同的角色组合，因为这取决于满足团队目标的要求。在某些团队中，一个人可能身兼多个角色，如数据工程师和DataOps 工程师，而在另一些团队中，可能有很多数据工程师和 DataOps 工程师。

支持角色

核心角色不太可能足以让所有类型的 DataOps 团队完全独立运作，通常需要技能专家永久或临时地加入团队以支持核心角色。典型的支持角色包括数据产品所有者、领域专家、分析专家（如研究人员或专业数据科学家）和技术专家（如数据架构师、软件工程师、机器学习工程师、安全专家、测试人员和设计师）。

数据产品所有者是对团队数据产品成功负责的个人。在没有数据产品负责人的团队中，团队负责人也可能承担一些作为利益相关者中间人的责任。数据产品负责人代表团队内部的利益相关者，拥有管理产品待办事项列表、确定工作优先级、向团队介绍组织领域、向利益相关者介绍团队的能力，负责展示团队的产品，并且是团队的公众形象。

数据产品所有者还负责数据旅程的最后一公里，并确保团队输出通过数据故事和可视化引导行动。如果团队负责人确保团队快速构建数据产品，解决方案专家确保团队正确地构建数据产品，则数据产品负责人确保团队构建了正确的数据产品。

领域专家是主题专家，他们会在团队知识欠缺时提供帮助。分析专家在不同领域拥有深厚的技术专长（如 Hadoop 或推荐系统），这是核心角色可能缺乏的。

软件工程师帮助将模型和其他数据产品集成到应用中。机器学习工程师是软件工程师，将软件开发最佳实践应用于生产中模型的创建和监控。

安全专家确保有适当的流程以保护系统和敏感数据免遭未经授权的访问、修改和破坏。DataOps 核心角色应该承担大多数测试，但有时，为了遵循监管或关注点分离原则，聘请专业测试人员可能是必要的。

数据架构师负责管理数据库或大数据解决方案的整个生命周期，以采集、存储、集成和处理数据。数据架构师负责解决方案系统的需求收集、解决方案设计、数据建模、测试和部署。该角色需要了解现有技术、新技术以及组织数据架构的全局情况。

每个专家角色都可能出现技能瓶颈，从而让工作流程变慢。只有在很大或者很复杂的组织中，使用专家的收益才会超过成本，除此以外，应尽一切努力通过投资跨技能和自动化技术来减少不适合永久加入团队的专家角色。

团队不需要"I 型人"

如果团队定位对跨团队的工作流程有显著影响，那么团队内个人的定位对团队内部的工作流程也有显著影响。将专家从职能团队转移到跨职能团队可以减少快速工作流程的负担。与职能团队相比，个人可以更轻松地了解他们对最终目标的贡献，更快地确定优先级，并且意外的工作请求更少。虽然跨职能团队的负担较低，但并不是简单地通过将具有不同技能的人转移到新团队中来消除它。

比尔·巴克斯顿（Bill Buxton）创造了"I 型人"一词用来形容在某一领域具有狭隘但深厚领域技能的专家[8]。I 型专家在团队中很可能成为"孤岛"。尽管他们所做的工作可能只需要几个小时或几天就能完成，但在他们准备好处理新事物之前可能需要更长的等待时间。即使他们有能力，也不太可能帮助其他团队成员，相反，他们通常过度优化自己的工作（如进一步调整机器学习模型）而进入收益递减区域，而不是寻找不同的方法来帮助组织实现其目标。

"I 型人"隐喻是对一个更早的隐喻的回应，即由 IDEO 设计咨询公司的 CEO 蒂姆·布朗创造的"T 型人"。

"T 型技能人员"（也称为敏捷技术的通用专家）在数据工程等某一领域拥有深厚的专业知识。但是，他们也往往在机器学习和数据可视化等许多领域拥有广泛的技能。

通才型专家没有许多专家的固定思维，愿意从他人那里汲取知识和技能。他们可以更轻松地看到自己的工作对他人的影响，还可以更容易地产生共鸣并寻找帮助团队的方法。例如，数据工程师可能会集成有用的新数据源，而数据科学家在未经询问的情况下并不知道这些数据源。"T 型人"可以跨越职能边界，消除团队面临的瓶颈，保持工作顺畅进行。

很少有人天生是"T 型"的，而且"T 型人"往往很难找到，因为数据分析通常会奖励那些拥有专业技能的人。更常见的做法是从一支具有好奇心和成长型思维的专家团队开始，然后让他们与其他专家一起工作，对他们进行交叉培训。在几个月的时间里，他们掌握了足够的知识，可以在自身专业领域之外发挥作用。

团队成员也有其他技能形式。"π 型人"拥有多学科的广泛知识和两个领域的深度技能；"M 型人"多才多艺，他们将"T 型人"的知识广度与三个或更多专业的深厚知识相结合。

"π 型人"和"M 型人"能通过增加工作流程以及交叉培训和培养他人的能力大幅提高团队生产力。"E 型人"是四个 E 的组合——经验（Experience）、专长（Expertise）、探索（Exploration）和执行（Execution）。

许多分析团队忽略了"E 型"成员。这些团队拥有大量具有经验和专业知识的人，他们可以进行探索但无法执行。尽管有很棒的想法和技术专长，但这些团队可能会陷入困境并无法可靠地生产组织所需的东西，这只会让每个人都感到沮丧。

"破折号型人"（"—"型）是最后一种技能型人员。他们也被称为通才，因为他们拥有广泛的技能，但没有技术专长的深度。图 8-3 显示了团队成员的不同技能形态。

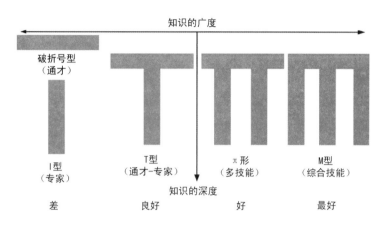

图 8-3　不同人员的知识广度和深度技能形态

根据以往经验，专家团队通常由具有战略眼光、出色沟通能力、利益相关者管理能力、领导力和人员管理技能的通才领导。但是，最好是通过对"I 型"专家提供通才技能培训而使其成为"T 型"人才，而不是雇用无法改善团队工作流程的通才。一旦团队成员变成"T 型"，他们的目标就是增加更多技能，变成"π 型"、"M 型"或"E 型"。

创建一支由综合专家和多技能人员组成的团队需要改变招聘政策，并在指导、辅导和培训方面进行大量投资。招聘应关注那些有能力和渴望学习专业以外技能的人，而不是寻找具有完美属性组合的神话般的独角兽。数据工程师通常更渴望学习机器学习，而数据科学家则更渴望学习构建管道或理解操作和维护其输出的必要性。

优化团队

人员及其组织方式是团队成功背后的主要因素。但是，还有其他因素需要考虑，包括团队规模、位置和稳定性。

沟通渠道和团队规模

许多组织发现大型团队不能很好地运作。已故的哈佛心理学家 J Richard Hackman 认为，大型团队的问题不在于他们的规模，而在于每增加一个人，人与人之间的联系数量几乎呈指数级增长[9]。沟通渠道数量（连接数）随人数增加的公式为

$$连接数 = N(N-1)/2$$

其中，N 为团队人数。图 8-4 显示了沟通渠道的数量如何随着团队成员数量的增加而增加。

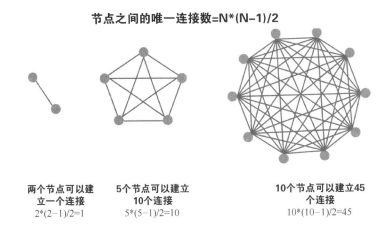

节点之间的唯一连接数=N*(N-1)/2

两个节点可以建立一个连接
2*(2-1)/2=1

5个节点可以建立10个连接
5*(5-1)/2=10

10个节点可以建立45个连接
10*(10-1)/2=45

图 8-4　2 个、5 个和 10 个团队成员的连接数

例如，一个 5 人的团队需要在成员之间维护 10 个连接，而一个 50 人的团队需要维护 1225 个连接。因此，一个 50 人团队的连接数是 5 人团队的 100 多倍，尽管团队规模只有 10 倍。

连接数的增加会导致协调问题时误传、误解和脱离接触的可能性更高。连接数的增加也导致更高的沟通成本。在团队中加入过多的人会导致收益递减，并可能通过放慢一切来降低总生产力。

世界上最受欢迎的团队运动的规模从篮球赛上场团队的 5 人到橄榄球赛上场团队的 15 人，平均为 9 人，这并非巧合。较小的团队运作得更好，因为更容易建立牢固的联系，获得主题专家的支持，并感受到社会压力以做出贡献。

亚马逊以将"两个披萨"规则应用于团队规模而闻名。这个想法是，一个团队的人数

不应超过两个比萨饼可以喂饱的人数。亚马逊人没有说明他们吃的比萨大小，但传统观点认为两个大比萨够六七个人吃。其动机是杰夫·贝索斯（Jeff Bezos）想要分散的自治团队，这些团队需要的沟通更少而不是更多，这与人们的直觉不一致[10]。

产品型而非项目型

长期稳定的团队比临时或基于项目的团队更有效率。稳定的团队避免了临时团队在磨合期内所产生的痛苦和陷阱，团队成员更有可能相互信任，并有动力投资于使工作更轻松的流程或工作方式。例如，长期存在的团队更有可能减少技术债务积累，而不是将其留给其他人解决。

稳定的面向领域的团队比临时项目团队更可取还有其他原因。专注的团队成员可以专注于履行承诺，利益相关者知道每个人在做什么，因为没有隐藏的工作。

稳定的团队能获得深入的领域知识，这对构建更好的数据产品和决策支持分析、与利益相关者建立牢固的关系以及从长期反馈中获益非常有用。数据产品，尤其是模型，不是一劳永逸的项目。概念漂移意味着必须监控和更新模型，而构建模型的团队最适合做这件事。长期存在的团队也可以专注于长期的组织目标和目的，而项目团队通常是根据他们达到的预算和最后期限目标来判断的。

办公位置

谷歌前董事长兼首席执行官埃里克·施密特（Eric Schmidt）发表了他关于如何最大化利用知识型员工的十大金科玉律，其三是"让他们聚在一起"。谷歌认为，让沟通变得容易的最好方法是让团队成员彼此保持几英尺的距离[11]。谷歌并不是个例。大多数领先的科技公司，包括苹果、Facebook、微软和腾讯，都将大部分技术员工集中在大型办公室和园区内。尽管可以使用一些先进的远程通信技术，但这些公司还是建造了大型而昂贵的办公室。

人类天生就习惯于面对面地进行社交活动，如果没有人，他们的状态表现就会下降。心理学家苏珊·平克（Susan Parker）在其著作《村庄效应》（*The Village Effect*）中引用了一项对 25000 名呼叫中心坐席的实验研究。一半人被要求单独休息，而其他人则与同事一起休息。那些与同事交往的人表现出 20% 的绩效提升[12]。

团队在一个共享的物理区域工作，是知识工作者协作并取得成功的最有效方式。任务越复杂，就有越多的员工受益于面对面交谈的效率以及围绕信息辐射器或白板收集信息的能力。

现实情况是，大多数团队在面对面互动和远程协作的连续统一体中运作，甚至谷歌也有分布式团队。多项研究表明，团队成员之间的虚拟距离带来了挑战。

一项对 115 个项目团队的研究发现，以地理、时区、文化、社会接触和面对面互动等因素衡量的虚拟距离越大，信任度、目标清晰度和创新水平就越低[13]。另一项发表在《哈佛商业评论》上的针对 1100 名远程工作人员的研究发现，他们更可能担心同事在背后说坏话、在不告诉他们的情况下做出改变、不为他们的优先事项而斗争并游说反对他们[14]。

分布式团队和个人远程工作并非没有好处。分布式团队和远程工作允许从比单个办公室更大的人才库中进行招聘，使就业方案对重视灵活性的人才更具吸引力，并增加了多样性。

有一些策略可以使远程工作变得有效。康威定律表明，团队不应跨站点拆分。相反，多站点团队是一个整体，其在每个位置上的团队都可以独立地完成工作。同时为了避免"他们和我们"的态度，每个团队中至少有部分成员需要花时间在各站点之间建立人际关系和社会纽带。

谷歌的研究提出了进一步改进分布式工作的策略[15]。例如，团队成员应该使用视频通话而不是语音通话，以便看到彼此。团队成员应制定非工作时间回复消息或跨时区组织会议的规范。此外，群聊有助于社交互动以及解决和工作相关的问题。

汇报关系

DataOps 核心角色和支持角色在组织中的位置有不同的选择。对于数据平台管理和专家角色来说，向集中化团队报告、实施治理、维护标准以及促进工具、模式和数据重用是有意义的。其余的跨职能 DataOps 角色，通常是数据工程师、数据科学家和数据分析师，可以是集中式、分散式或两者的混合。

在集中式结构中，跨职能角色向服务于整个组织的专业数据部门报告。在分散的结构中，跨职能角色完全整合，并向组织中的直线职能部门报告，如产品工程、供应链或营销。在混合结构中，跨职能的 DataOps 角色向中央数据团队或卓越中心报告，但嵌入到职能部门或领域团队中。

数据平台管理

在大多数传统组织中，数据产品生产线分为 IT 数据团队、数据分析团队和职能团队聘用的数据分析专业人员。数据平台管理和数据工程处于孤岛模式，通常向集中的 IT 数据团队报告。数据消费者、数据科学家和数据分析师向组织中的数据分析团队或职能团队报告。

IT 数据团队处于消费者和数据之间。他们控制数据捕获、访问和处理所需的基础设施。不幸的是，IT 数据团队并不总是能够认识到数据是属于整个组织的资产，而是专注于数据防御。这个问题很重要。在 Kaggle 2017 年对 16000 名受访者进行的数据和机器学习状况调查中，30.2% 的受访者提到"数据不可用或难以访问"[16]。

IT 壁垒是职能组织的结果，也是对如何安全实施数据战略的数据攻击方面误解的结果。IT 数据团队一般不是数据产品的消费者，因此对生产线没有以数据为中心的看法。相反，团队通常按技能或技术在功能上进行组织，因此没有动力去优化整体。但是，他们确实担心安全性和合规性问题，允许自助访问数据、工具和基础设施是大多数 IT 团队的噩梦，也是他们通过精心设计的数据仓库控制数据访问的原因。

尽管如此，如第 6 章所述，即使对于大数据，也可以安全地提供数据，执行安全和隐私策略，以及监控或审计数据使用和资源利用率。还可以解决 IT 数据团队经常提出的另一个问题，即数据分析团队不遵循开发最佳实践。但是，数据分析团队可以遵循第 7 章中的 De-vOps 实践，并避免诸如在生产中开发脆弱、难以更改的数据产品等问题。

然而，传统的集中式 IT 数据团队不愿意将数据和基础设施的控制权交给组织中的数据消费者。这与技术和标准无关，而与根深蒂固的文化和心理有关。虽然数据产品生产线的角色和职责主要由 IT 数据团队承担，但始终存在不必要的障碍。

如果数据分析对组织至关重要，那么让数据平台管理角色认同这样的文化是很有意义的，即理解数据分析流程并与其结果息息相关。将数据平台管理和专家角色分组到 CDO 或首席分析官（CAO）领导下的部门，向 CEO 报告是理想的报告结构。CDO 或 CAO 是技术专家和有远见的人，他们可以通过以数据为中心的观点来实现数据对组织的全部潜力。

跨职能角色

跨职能 DataOps 角色（如团队负责人、数据科学家、数据分析师和数据工程师）可以分为集中式、分散式或混合式团队。集中式团队在较小的组织中很有意义，因为它们没大到需要创建多个面向领域的团队。集中式团队可以向技术职能部门报告，如工程负责人、CDO、CAO，甚至直接向 CEO 报告。团队为能最大程度发挥自身价值的项目工作，或提供咨询服务。集中式团队促进职业发展和最佳实践的发展。

集中式团队的缺点是可能需要很长时间来建立组织的领域知识以及与职能团队的良好关系。集中式团队的反应性支持职能，有可能在组织中边缘化，无法充分发挥其潜力。

组织的业务目标是数据产品的驱动因素，因此分散的跨职能 DataOps 角色向产品或营销等职能或领域团队报告，以实现和业务战略对齐，并集成、融合为一体。职能团队的负责人可以了解集中式 DataOps 团队成员的活动，并可以根据整个团队的目标对他们的工作进行优先级调整。

融合的 DataOps 角色可确保与职能团队的密切协作，但可能导致团队成员与同行疏远，从而导致职业发展、再就业和知识共享出现问题。职能团队的领导者可能不知道如何最佳地使用 DataOps 人才，这会产生机会成本和消极怠工的风险。

集中式跨职能 DataOps 角色的另一个挑战是，数据平台管理将继续向组织的不同部门报告。这种分离带来了挑战，因为职能部门领导不太可能对数据平台和架构产生太大兴趣，从而使改进变得更加困难。通常，只有拥有大量数据分析团队的组织，如奈飞（Netflix），才具有高度分散的角色。奈飞声称其团队文化是松耦合、和业务在目标和战略上保持高度一致，同时会尽量减少跨职能会议。

混合式团队结构结合了集中式和分散式团队的特点。DataOps 角色向中央部门或卓越中心报告，但嵌入到与组织业务领域或职能部门密切相关的跨职能团队中。与分散地和职能部门集成不同，混合式团队成员发现通过中央报告结构更容易互相学习和管理职业生涯。同时，被嵌入的团队可以与一起工作的团队建立伙伴关系并融洽相处。

如果混合式团队与数据平台管理和专家角色向相同的领导者（如 CDO 或 CAO）报告，他们将创建一个与营销、产品、工程和其他功能相当的专门数据功能。理想的数据旅程是从原始数据到数据产品，再加上支持工具、基础设施和治理，都在一条单一的报告线下，由一个人最终负责。专门的功能是最难实现的解决方案，但也是最有可能消除数据团队面临的大多数摩擦的模型。这是我的组织采用的模式，取得了非常积极的结果。

总结

每种组织模式都有值得取舍的优缺点。对于 DataOps，优先考虑的是优化新数据产品的开发速度并通过频繁的迭代更改（而不是大的和低频率的更改）来降低风险。传统的团队职能导向进展缓慢导致错失良机。康威定律的知识和组织研究有助于设计组织结构，以优化组织得到我们想要的结果，而不是牺牲结果来适应现有的组织。

DataOps 不需要雇用更多或不同的人，它是围绕以数据为中心的目标而非仅仅是工具、技能或垂直报告线来组织员工。DataOps 团队围绕最有效的沟通途径进行组织，消除组织瓶颈，并改善整个数据产品生产线的协作。

DataOps 鼓励小型、自组织、多技能和跨职能的面向领域的团队，这些团队位于同一地点且长期存在。集中式的职能通过数据平台提供对数据、基础设施和服务的自助访问。卓越中心、公会或协调角色可确保面向领域的团队不会成为孤岛，而是受益于最佳实践和职业发展机会的交叉融合。

务实很重要。每个组织都不同，有多种方式可以提速。但是，无论采用哪种方式来创建 DataOps 组织，目标始终应该是促进速度而不是资源利用。

适当的技术如果实施得当，可以加强正确的组织结构带来的好处。下一章将概述支持 DataOps 协作的技术。

尾注

［1］Melvin E. Conway, How do committees invent?, Datamation, April 1968. www. melconway. com/Home/pdf/committees. pdf

［2］Eric S Raymond, The New Hacker's Dictionary-3rd Edition, October 1996.

［3］Alan Mac Cormack, John Rusnak, and Carliss Baldwin, Exploring the Duality between Product and Organizational Architectures: A Test of the "Mirroring" Hypothesis, Harvard Business School, 2011. www. hbs. edu/faculty/Publication%20Files/08- 039_1861e507-1dc1-4602-85b8-90d71559d85b. pdf

［4］Nachiappan Nagappan, Brendan Murphy, and Victor R. Basili, The influence of organizational structure on software quality：an empirical case study，Microsoft Research，January 2008. www. microsoft. com/en-us/research/wp-content/uploads/2016/02/tr-2008-11. pdf

［5］ Blake Irvine，Netflix-Enabling a Culture of Analytics，May 2015 www. slideshare. net/BlakeIrvine/netflix-enabling-a-culture-of-analytics/8-Team_Structure_Specialization AnalyticsReportingModelingEngineeringAnalystEngineerVizEngineer

［6］ Rajiv Krishnamurthy and Ashish Kelkar，Building data science teams to have an impact at scale，facebook Code，June 2018. https：//code. fb. com/core-data/building-data-science-teams-to-have-an-impact-at-scale/

［7］ Henrik Kniberg & Anders Ivarsson，Scaling Agile @ Spotify with Tribes，Squads，Chapters & Guilds，October 2012. https：//blog. crisp. se/wp-content/uploads/2012/11/SpotifyScaling. pdf

［8］ Bill Buxton，Innovation Calls For I-Shaped People，Bloomberg，July 2009. www. bloomberg. com/news/articles/2009-07-13/innovation-calls-for-i-shaped-people

［9］ Diane Coutu，Why Teams Don't Work，Harvard Business Review，May 2009. https：//hbr. org/2009/05/why-teams-dont-work

［10］ Brad Stone，The Everything Store：Jeff Bezos and the Age of Amazon，July 2014

［11］ Eric Schmidt and Hal Varia，Google：Ten Golden Rules，Newsweek，December 2005.

［12］ Susan Pinker，The Village Effect：How Face-To-Face Contact Can Make Us Healthier，Happier，and Smarter，August 2014.

［13］ Karen Lojeski，Richard Reilly，and Peter Dominick，The Role of Virtual Distance in Innovation and Success，Proceedings of the 39th Hawaii International Conference on System Sciences，February 2006. www. researchgate. net/publication/4216008_The_Role_of_Virtual_Distance_in_Innovation_and_Success

［14］ Joseph Grenny and David Maxfield，A Study of 1，100 Employees Found That Remote Workers Feel Shunned and Left Out，Harvard Business Review，November 2017. https：//hbr. org/2017/11/a-study-of-1100-employees-found-that-remote-workers-feel- shunned-and-left-out

［15］ Distributed Work Playbooks，Google. http：//services. google. com/fh/files/blogs/distributedworkplaybooks. pdf

［16］ The State of Data Science & Machine Learning，Kaggle，2017 www. kaggle. com/surveys/2017

4

第4部分

自服务组织

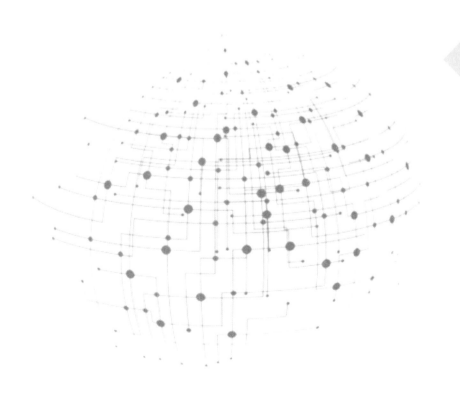

第 9 章

DataOps技术

技术被我故意留到了最后，因为虽然它是必不可少的，但并没有人员、文化和流程那么关键。如果工具是成功的全部，那么硅谷的巨头们就不会将他们皇冠上的明珠，如 Kubernetes、TensorFlow、Apache Kafka 和 Apache Airflow 进行开源。

许多组织认为，解决问题最简单的方法就是给技术供应商开张支票或使用最新的开源软件。技术供应商和赞助商也乐于宣扬并延续"银弹"神话，经理们也愿意这么干，因为如果发生问题，他们可以让技术或供应商背锅。然而，《哈佛商业评论》对 680 名高管进行的一项研究报告称，传统技术只是数字化转型的第五大障碍[1]。快速实验、变更流程、跨孤岛工作以及创建冒险文化的能力，都是数字化转型更加关键的驱动因素。尽管如此，对于使用正确的技术来消除目前存在的数据摩擦，DataOps 会更加成功。

基于 DataOps 的价值和原则选择工具

正如化学不是关于试管而是实验，DataOps 也不依赖于硬件、平台、框架、工具、应用程序、软件库、服务或编程语言形式的特定架构或技术。然而，某些架构和技术在支持 DataOps 方面比其他架构和技术更好。

调整脊椎模型

无论何时选择技术，最好不要从工具本身开始。DataOps 的技术栈是达到目的的一种手段，而不是其本身。应用 Trethewey 和 Roux 的脊椎模型有助于理解哪些工具最适合 DataOps[1]。图 9-1 显示了这个脊椎模型。

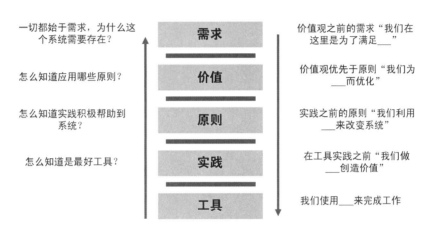

图 9-1　脊椎模型的级别

脊椎模型有助于描绘人类的工作系统，便于就工作方式达成一致。在这种情况下，人类工作系统的边界包括从组织数据创造价值的每个人。工具位于脊椎的底部，到底哪一个工具是最好的，有许多看似合理的选择和建议。沿着脊椎向上移动可以解决在多个选项之间进行选择的难题。

工具有助于完成工作，而正确的工具和用法相比错误的工具，可以帮助我们更有效地实践应用。实践是在系统中应用方式、方法来完成具体工作，要了解应该使用哪些实践，有必要再次深入了解并定义原则。原则是指导行为和评价的命题。例如，针对批量大小的反馈原则指出，增加批量大小会延迟反馈，而减少批量大小会增加反馈。要知道哪些原则是有用的，就需要理解系统中的价值观，这些价值观在脊椎上更靠前。价值观是对本质的判断，是系统中的优化标准。例如，Scrum 的价值观是专注、开放、尊重、勇气和承诺。脊椎的顶端是需求：采用正确的价值观可以更容易地满足这些需求。需求是系统存在的原因。

要保持脊椎笔直并确保工具满足需求，需要从脊椎顶部开始，向下定义并对齐每个脊椎的价值观、原则和实践。有两种类型的需求，一种是系统的需求，另一种是系统中人的需求。从系统中提取的数据有助于组织更快地做出有益的决策。人的需求是普遍的，包括自律、思想、身体健康、满足感、诚实和沟通。

一旦了解了系统存在的原因，以及人们想要成为系统的一部分的动机，那么是时候决定要优化的价值观了。DataOps 宣言列出了五大价值观：个体和互动、工作分析、客户协作、实验迭代和反馈，以及跨职能所有权[3]。这些价值观的灵感源自敏捷软件开发宣言和 DevOps。DataOps 的成功将取决于这些价值观。

通过观察价值观，就可以确定基本原则。无论背景、规模或水平如何，这些原则都应该始终如一地适用。例如，精益产品开发的重用原则降低了易变性，适用于从个人到整个组织的任何级别，以及任何类型和规模的组织[4]。原则可以来源于许多学科，如精益思维、敏捷软件开发、系统思维、约束理论、DevOps、排队理论、经济学和全面质量管理（TQM）。

正如不同的敏捷框架有不同的原则一样，DataOps 的原则也有几种。第 4 章介绍了 DataOps 宣言中的原则。请注意，还有一些其他基本原则：

- 持续满足客户需求（Continually satisfy your customer）。
- 价值运作分析（Value working analytics）。
- 拥抱变革（Embrace change）。
- 这是一项团队运动（It's a team sport）。
- 日常互动（Daily interactions）。
- 自组织（Self-organize）。
- 减少英雄主义（Reduce heroism）。
- 反思（Reflect）。
- 分析即代码（Analytics is code）。
- 编排协作（Orchestrate）。
- 使其可重现（Make it reproducible）。
- 简单性（Simplicity）。
- 分析即制造（Analytics is manufacturing）。
- 质量至上（Quality is paramount）。
- 重复使用（Reuse）。
- 缩短周期时间（Improve cycle times）。

　　基于 DataOps 原则产生了 DataOps 实践。实践中所采取的每一种做法都必须基于一个或多个原则。例如，持续集成和 10 分钟构建的敏捷极限编程实践是由快速反馈的极限编程（XP）原则驱动的。

对实践和工具的影响

　　一些 DataOps 原则，如自组织、日常互动、拥抱变化和反省，主要指导决定工作方式的实践。其他原则则是指导形式实现上述要求的技术实践和技术要求。

　　其中一个原则是缩短将数据转化为有用数据产品的周期。请求数据或访问基础设施，并等待许可和资源调配，是组织中的一个重大瓶颈和巨大浪费源，必须通过自助服务和自动化最大限度地提高数据可用性。然而，自助服务不仅仅是让数据消费者通过 BI 工具访问预装的数据立方体。数据消费者需要能够自动化自助访问基础设施、工具、软件包和他们所需数据的实践和工具，以便自主决定如何使用数据。反过来，对数据和基础设施的自动化自助访问需要的实践和工具，要通过强制执行数据安全和隐私政策、基础设施和数据访问政策，以及对资源利用率的监控，允许数据发现并建立对用户的信任。

　　减少英雄主义需要大量的实践和工具，使数据分析、数据存储、计算基础设施和数据管道能够轻松扩展并处理任何工作流程，而无须像许多团队中常见的那样，需要英雄救火。编排协作涉及许多实践和工具，这些实践和工具可以跨许多潜在的不同数据类型、技术和语言端到端地简化和编排数据管道任务。可借鉴 DevOps 的做法和工具，实现频繁的小改动，而不是更少但更大的变更，支持持续满足客户需求的原则。

　　可重复原则要求实践和工具支持代码、环境和数据可重现，以便在生产环境中安全地部署开发。重用与可重复是密切相关的两个原则，需要通过一些可以避免浪费的可重复实践和工具来实现重用。例如，数据使用者发布、发现和可重复使用彼此数据集的能力对于实现重用非常重要。重用还需要用自动化替代方案取代烦琐、容易出错和不一致的手动流程，如数据处理和监控。

　　质量至上是一项要求建立数据信任的实践原则。同样需要工具来管理和监控元数据、文件验证、数据完整性、数据质量评估、数据清理和跟踪数据血缘。"这是一项团队运动"的原则体现了将完成每个任务的所有最佳工具进行组合的价值，而不是使用单一工具来全覆盖并执行它无法完成的任务。

　　分析即代码，是鼓励使用基于代码工具的实践原则。尽管入门门槛较低的工具带有可直接拖放的图形用户界面，学习起来也更快，但终归代码才是管理复杂数据分析和管道的最佳长期抽象。

代码之所以更可取，并不是因为那些能够编写代码或不希望让工作落入非分析专业人士手中的人有受虐倾向，而是因为应用软件工程最佳实践更容易。代码比拖放式开发更简单，可以进行版本控制、重用、参数化、进一步抽象、重构以提高效率、自文档化、协作、测试、跨环境复制、自定义、在解决方案之间迁移、与其他开发集成，以及使用扩展功能进行更新等。不过，最好的解决方案始终是能够完成任务的有效解决方案，因此任何支持DataOps 的技术都比没有要好。

DataOps 技术生态系统

由 IBM、Oracle 或 SAS 等单一供应商构建从数据采集到数据消费的完整数据分析栈，如果之前存在过的话，那现在已不复存在。现如今的 DataOps 分析技术栈不再是单一堆栈，而是一个结合了一流技术的模块化生态系统。模块化体系结构类似于微服务架构，其中每种技术都是松耦合的，可以很好地完成其工作，并且可以在对整个系统影响很小的情况下进行更改。

流水线

没有所谓最佳的 DataOps 技术生态系统，要根据具体情况选出一组工具。不能因为谷歌和亚马逊都在使用，就花费大量时间和金钱构建很酷的架构和技术，这是非常浪费的，那些工具可能并不适合这项工作。每个架构和技术栈在任何特定的时间点都是不完美的，未来的需求也很难预测。正如数据产品受益于快速反馈和迭代一样，技术栈也是如此。生态系统是为不断演进而设计的，应该改变并适应新的过程和要求。

理解和构建 DataOps 技术生态系统的关键不是从传统的架构层，或是支持和使用该技术的职能团队角度进行思考。传统思维会导致多个技术孤岛和数据消费障碍。现有有必要以数据为中心，将数据流从源头到消费作为流水线来看待，然后考虑支持开发和操作的技术。

可以采用的最佳技术是那些支持 DataOps 实践的技术，这些实践满足组织的最终需求，即通过从数据中提取知识来做出更快、更好的决策，从而产生有益的行动。图 9-2 说明了创建和运行数据产品所需考虑的技术事项。

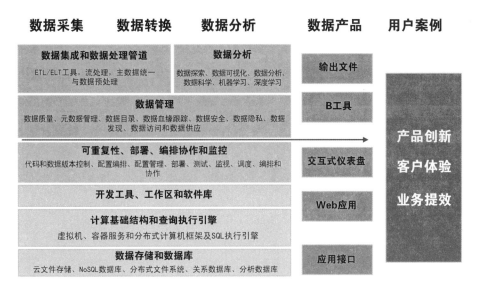

图 9-2　DataOps 技术组件

虽然图 9-2 所示的数据流是线性的，但实际上，开发和生产数据流是迭代的过程，许多数据集、组件和技术都在不断地管理和重用。还有从用例返回的数据循环反馈，这种情况下它将成为另一个数据源。

下面将详细介绍数据流水线上的技术要求。DataOps 技术环境正在快速发展，不同组织之间的用例也不尽相同，因此不可能对技术和架构做出限定。其中提到的技术并不是选项或建议的清单，而是一些值得关注的例子。在某些情况下，这些技术具有多种功能，并且可能会出现在多个章节中。

数据集成

现代数据分析技术栈必须支持接收许多异构内部数据源和从外部系统获取数据。源数据可能来自网络和移动分析工具、数据仓库和集市、供应链系统、客户关系管理系统和营销平台、ERP 和财务报表工具等。除此之外，源数据还有多种类型，例如，由结构化、半结构化和非结构化数据组成的文件，通常为半结构化格式的事件流，NoSQL 数据库中的半结构化数据，以及传统数据库中的结构化表数据。

应允许数据分析师和数据科学家集成和丰富不同的数据源，以创建支持更好决策的数据产品。例如，结合点击流（Clickstream）、店内 POS、在线订购、社交媒体、呼叫中心、移动应用和营销平台数据，可以帮助数据科学家构建机器学习模型，以改进供应链计划、预测退货、确定个性化优惠和保留计划，并计算零售商的客户价格弹性。

传统做法中 IT 部门构建 ETL 管道用以将不同的数据源集成并整合到数据仓库中，供数据分析师和数据科学家使用。缓慢的流程、数据源的爆炸式增长、多样化的数据格式和有限的开发能力形成诸多瓶颈，将有价值的数据困在了各个数据孤岛中。可是，DataOps 要求更快实现数据可用，新工具的出现消除了传统 ETL 工具和流程造成的瓶颈。

在过去几年中，出现了软件即服务（SaaS）ETL/ELT 产品的爆炸性增长，这些产品消除了在多个数据源、目标数据仓库和数据湖之间移动数据所涉及的繁重工作。这些供应商提供了数十个预置连接器来汇集源自应用程序（包括 Salesforce 和 ERP 系统）、数据库（如 Oracle 和 SQL Server）、事件流（如 WebHook 和 Kafka）、文件来源和存储，以及数据仓库中的数据。

这些产品完成维护连接器、检测数据、准备模式、加载数据、优化性能和监控管道等繁重工作。它们支持各种流行的数据库，如 Amazon RedShift、Google BigQuery、Microsoft SQL Server、PostgreSQL 和 Snowflake 等。使用这些解决方案，可以在数小时而不是数月内汇聚并查询到数据。

尽管这些产品表面上看起来很相似，但新一代 ETL/ELT 产品通常分为两类。Blendo、Fivetran、Segment 和 Stitch（基于 Singer 开源软件）等产品侧重于在 ELT 工作负载的源和目标之间同步数据，而其他产品，如 Alooma、Funnel、Matillion、DataVirtuality、Etleap、Keboola、XPlus、Azure Data Factory 和 Google Data Fusion，除同步之外，还提供了 ETL 的数据转换功能。

从源头获取的数据通常都是来自针对操作进行优化的在线事务处理（OLTP）系统，不适合分析使用。对于数据分析，有时采用宽表形式的数据建模，将来自多个表的数据集中到一张冗余的反范式表中，以避免连接从而加快读取速度，还可以通过创建缓慢变化的维度以跟踪维度变化的历史记录（如客户地址），这也是非常有效的做法。

良好的数据建模可以更容易地重用数据，无须重复造轮子，从而节省了大量时间。如果在加载数据之前没有完成数据模型转换，则使用数据构建工具或 Looker's LookML 等 BI 工具中的建模层允许数据科学家和数据分析师创建自助式转换。任何熟悉 SQL 的人都可以应用软件工程最佳实践（如版本控制、自动测试和同行评审）通过数据构建工具来开发转换，而无须依赖数据工程师。

如果无法集成，将多个来源的数据存储在同一个位置进行分析是没有用的。使用 ETL 工具将大量数据源整合到数据仓库中不是一种可扩展的解决方案。每个组织通常都有跨数据源的主要实体，如客户、员工、产品和供应商。但是，独立工具和部门对同一实体值和字段名称的记录可能会有很大差异，这让匹配变得非常困难。例如，两个不同的业务部门可能以完全不同的方式记录相同的客户名称和地址。

通常，数据科学家可以自己整合来自数据湖的数据。但是，如果没有对每个数据源有深入了解，集成就会成为一项不可扩展、耗时且容易出错的任务。主数据管理试图从可能代表它的多个数据项中创建一个单一的主参考源。主数据管理软件依赖于数据清理、转换和复杂的规则来决定在整个组织中集成关键实体的单一参考点。然而，创建主数据管理软件维护主记录所需的所有规则会很快成为一项挑战。为了解决数据集成问题，新一代数据统一工具（如 Tamr）已经出现，它们将机器学习与人类的专业知识相结合，以创建自动化、可扩展的数据集成解决方案。

数据准备

适当的数据准备（有时也称为数据预处理或数据整理）有助于用户进行有效的数据分析。数据准备是一个多步骤的过程，用于收集、清理、更正、合并数据，并将数据转换为数据分析和数据科学工具可以使用的格式，以供进一步分析。

数据准备的例子包括填充空白值、重命名字段以连接数据源，以及验证值和删除异常值。数据准备占据了数据科学家 80% 的时间，76% 的数据科学家认为这是他们工作中最不愉快的部分[5]。为了减少数据准备时间，增加使用数据的时间，一些供应商提供了数据准备工具，包括 Trifacta、Talend、Altair、Alteryx、Paxata 和 Datameer。

与为专业人士设计的传统 ETL 工具不同，数据准备工具也可以具有可视化界面，提供给非技术用户自助使用。许多数据准备工具还包括数据管理功能，如数据发现、数据分析、数据血缘跟踪和敏感数据屏蔽。其中一些能提供更高级的功能，如版本控制、调度、智能数据关系推理和元数据建议。

数据准备工具也有缺点，因为它们完全是为非技术专家数据准备而设计的，所以可能缺乏软件工程最佳实践的功能，没有用于某些数据源的连接器，还可能遇到可扩展性问题。

数据准备工具可以很好地用于数据源、BI 和数据科学工具之间的预处理步骤。然而，这些工具很难更广泛地用作自动化端到端数据管道的一部分，除非它们具有代码生成和导出功能。此外，与依赖元数据定义的 ETL 工具不同，数据准备工具以数据为中心，用户使用数据样本，如果没有强大的数据治理能力，用户可能会为同一数据创建多种解释。

流处理

某些数据源会生成实时事件消息流，其处理方式与文件和数据表不同，如物联网设备和传感器、网络点击流和事件溯源（一种记录状态更改的设计）。通常，用消息代理（如 RabbitMQ）或发布-订阅流平台（如 Apache Kafka、Amazon Kinesis 或 Google Cloud Pub/Sub）处理消息。消息可以加载到离线数据仓库中，以便将来进行批处理和分析，也可以进行实时处理。

流处理能同时对多个输入流或消息应用复杂操作，可实现接近实时的欺诈检测等应用，否则，由于文件和表的批处理耗时太长，这些应用是无法实现的。

很多发布和订阅平台，包括 Apache Kafka、Apache Pulsar 和 Amazon Kinesis，都有一些流处理功能。除此之外，当性能要求很关键时，专门的流处理工具（如 Apache Flink 和 Apache Samza）会处理来自 Apache Kafka 或其他来源的消息。

当低延迟不是很重要时，Spark Structure Streaming 是一种有效的流行流处理解决方案，因为它为 Spark 批处理和 ETL 功能的用户提供了熟悉的 API 和平坦的学习曲线。Apache Beam 还为 ETL、批处理和流处理数据管道提供了统一的编程模型。Apache Beam 中的数据管道使用 Java、Python 或 Go SDK 定义，并在几个受支持的执行引擎（包括 Apache Spark、Apache Flink、Apache Samza 和 Google Cloud Dataflow）上执行，这使得它们非常灵活，但是这个软件的学习曲线可能会非常陡峭。

数据管理

有效的数据管理确保用户可以信任数据，并且对数据的用户产生信任。信任使用户能够通过元数据驱动的自助服务访问数据，而无须不断向 IT 发出请求。

DataOps 需要完善的元数据管理、数据目录和数据血缘跟踪。元数据管理对于自助式分析至关重要，因为它使用户能够识别自己需要的数据和数据的来源，并了解如何使用这些数据。

文档齐全的数据目录对于帮助用户查找和解释数据至关重要。数据血缘跟踪是数据治

理、法规遵从性和数据质量管理必不可少的，包括数据从哪里来、流动去哪里以及发生了
什么。

现成的数据管理软件可从 IBM、Collibra、Alation、Manta、ASG Technologies、Informatica、
Reltio、Timeextender、Qlik 和 Waterline Data 等供应商处获得，用于管理元数据、构建数据目
录、跟踪数据血缘等。还可以在 Hadoop 生态系统中使用 Apache Atlas 等开源软件进行数据
治理和元数据管理，或者使用 AWS Glue Crawler 或 Google Data Catalog 从云存储中的对象里
提取元数据，从而使用云服务创建数据目录。

安全的数据必须在几分钟内提供给用户，而不是几天或几周。自助式数据文化需要强大
的、集中控制的数据安全和隐私控制。理想情况下，AmazonMacie 或 Google Cloud Data Loss
Prevention 等自动化服务可以在采集数据时识别敏感数据并对其进行分类。否则，像 Privitar
这样的解决方案可以为数据添加水印以进行审核和血缘跟踪，在保留有用数据的同时取消对
敏感数据的识别，并跨数据集设置隐私策略，然后允许数据消费者以符合其角色安全策略的
形式，自助访问集中式的数据湖或数据仓库中的数据集。或者，像 Delphix 这样的工具可以
动态地进行数据屏蔽，并为用户提供安全版本的数据，用于多个来源数据的自助消费。

审核和监控对于确保遵守法律、法规和数据治理策略至关重要。可以通过分析日志文件
来创建异常行为的实时警报。有些数据管理软件（如 Global IDs）还可以执行数据安全分类
和监控活动。

统一的 IAM 解决方案定义了对数据和资源基于角色的精细访问控制，支持自助服务，
同时保护数据隐私和安全。IAM 解决方案可用于云和私有部署系统，这些系统与 Okta、Se-
cureAuth 和 Auth0 等访问管理平台集成，以集中管理用户和群组的访问。

可重复性、部署、编排和监控

DataOps 技术栈的一个主要需求是能够沿着由多种技术组成的复杂管道，自动化处理和
协调数据流。Apache Airflow 是用于创建、调度和监视 DAG 的流行开源软件。替代方案包括
适用于 Hadoop 的 Luigi、Apache Oozie 或 Azkaban，以及 Google 托管 Airflow 服务的 Cloud
Composer。

DataOps 团队必须能够以自动化方式复制基础架构、数据管道代码和管道编排，这样才
能在相同的环境中安全地开发、测试和部署频繁的小调整。Terraform 和 AWS CloudFormation
是用于创建、修改和销毁基础设施的两种流行配置管理工具。配置管理工具，如 Pupppet、

Chef 和 Ansible 能够进行基础设施上软件的安装配置和管理。操作系统和应用程序也是可复制的。

Shell 脚本或诸如 Vagant 之类的产品可以轻松地复制虚拟机。Docker 是应用最广泛的平台，用于将代码和依赖项打包为在不同环境中以相同方式运行的容器。

可重复的环境要求代码和配置文件处于版本控制之下。Git 是最流行的版本控制软件，而 Github、GitLab 和 Bitbucket 是最常见的 Git 存储库托管服务。一旦代码和配置文件进入版本控制，使用 CI/CD 工具（如 Jenkins、Travis CI、TeamCity、Bamboo 和 GitLab CI）的自动化部署管道将创建环境并部署数据管道。这些工具还能执行预先编写好的白盒、黑盒和回归测试，以确保不会引入缺陷。

测试依赖于适当的测试数据管理商业工具，如 Informatica、Delphix 和 CA Test Data Manager。这些工具使得快速提供测试数据集变得简单明了。与代码和配置相比，机器学习模型和数据的版本控制是一个不太成熟的领域，但 DVC、ModelDB、Pachyderm 和 Quilt Data 等有前景的开源库正在出现。

DataOps 团队依赖许多编排、配置管理、部署和其他工具来执行自动化任务。这些任务需要脚本和密钥（如令牌、密码、证书和加密密钥）才能工作。机密管理和诸如 HashiCorp's Vault 的软件对于将机密信息泄露风险降至最低至关重要。

在生产环境中，数据、基础设施和资源的自动化测试和监视是 DataOps 中的关键功能。监控数据管道并在检测到数据出现质量问题时发出警报，可以防止错误沿着管道向下传播，在下游它们可能更难修复。

开源包 Great Expectations 可以用于在批处理运行时自动执行管道测试，相当于数据集的单元测试。诸如 iCEDQ、RightData 和 QuerySurge 等商业工具，可以测试数据和验证生产中的连续数据流，并在开发过程中提供自动化测试。

数据产品的健康状况也需要监控，开源应用程序监控解决方案可以适配监控数据管道。可以设置像 Prometheus 这样的包来监控数据管道 KPI 的时效性、端到端延迟和覆盖范围，然后将数据发送到时间序列分析仪表板（如 Grafana）以进行可视化展示和警报。

AppDynamics、New Relic、DataDog、Amazon Cloudwatch、Azure Monitor 和 Google Stackdriver 等监控工具跟踪数据中心或云中资源及应用程序的指标。这些工具与 PagerDuty 等事件管理平台进行集成，用于发出消息通知。

应用程序性能管理软件 Unravel 专门用于大数据，并监控运行数据管道的应用程序和平台性能。该软件还包括很多高级功能，如异常检测、对性能下降的洞察、优化基础设施和应用程序配置的建议，以及恶意进程管理等自动化操作。

消息传递和通信工具使团队能够有效协作并发出警报、通知数据质量问题、回答问题、快速解决问题以及记录知识。该领域的工具包括 Slake、Confluence、Microsoft Teams、Google Hangout 和 Google Group。

计算基础设施和查询执行引擎

当没有使用第三方服务时，需要计算资源来处理数据和运行应用程序。计算资源应存在于可扩展的多租户平台上，以处理庞大无比的数据，并支持多个用户开发和生产的工作负载。提供计算资源的三种常见方式是虚拟机、分布式计算集群和容器集群。

虚拟机允许在同一物理基础设施上存在多个操作系统环境，这些环境彼此隔离。虚拟机可以提供与底层硬件不同的处理器、内存和本地存储规格，从而满足用户需求。因为可以根据需要进行调配和丢弃，以满足用户需求，所以虚拟机非常灵活。虚拟机还支持可扩展性，以处理更大的工作负载。它们可以通过创建更大的机器来进行垂直扩展，也可以通过添加更多虚拟机并在它们之间分担工作负载来进行水平扩展。

分布式计算系统通过在虚拟机集群上并行工作负载来进行水平扩展。最受关注的两个分布式计算系统是 Spark Core 和 Hadoop MapReduce。两者有时还共享 Hadoop 生态系统的组件，例如用于存储的 Hadoop 分布式文件系统 HDFS 和另一个资源管理器 YARN。

Spark 在处理数据方面比 Hadoop MapReduce 快得多，因为它尽可能地在内存中处理数据，避免了读写磁盘造成的瓶颈。Spark 还为 SQL 命令、机器学习、图形问题和流处理提供了更好的库。

Kubernetes 被程序员们称为 K8s，日益成为横向扩展数据处理工作负载和应用程序的流行方式。即使是 Spark 也可以在 Kubernetes 管理的集群上运行。Kubernetes 是一个开源容器平台，用于跨集群管理容器的部署、扩展和操作。在开放容器倡议（OCI）容器中运行的任何应用程序都可以在 Kubernetes 上运行。但实际上，它主要用于 Docker 镜像格式和运行时环境。

Kubernetes 解决了在许多不同的机器上协调运行大量容器的问题。Kubernetes 可以部署容器，根据需要增减容器数量，在容器之间分配负载（在应用程序的多个实例中保持存储一致），以及对故障容器进行自愈。大多数云提供商提供托管 Kubernetes 平台，如 Google Kubernetes Engine（GKE）、Amazon Elastic Container Service for Kubernetes（EKS）和 Azure

Kubernetes Service（AKS）等。

云的一个主要优势是，它可以轻松地将存储与计算分离。以前，当分析数据主要存储在数据仓库中时，访问数据的唯一方式是通过数据仓库的查询接口和仓库提供的格式。有了云对象存储后，许多消费者和进程可以通过 API 和连接器同时访问多种格式的数据，并可以使用最好的工具来完成工作，同时只需支付处理数据的时间成本。在云存储中查询数据的工具包括分布式 SQL 查询引擎 Presto、Amazon Athena、Amazon RedShift Spectrum、BigQuery、Rockset、Dremio 和无服务器云函数。其中一些解决方案具有多连接器，使其成为多个数据源的便利自助查询界面。

数据存储

应持久化存储原始数据和处理过的数据，临时存储数据管道操作的中间结果，捕获日志数据，以及保存数据管道和分析开发与操作所需的构件。不同的使用场景和数据格式需要不同的存储技术。

数据湖是原始数据在被集成和进一步处理之前的公共初始存储区域。数据湖旨在存储从多个来源以多种不同格式获取的大量数据，包括非结构化数据。其想法是，数据湖允许每个人访问组织数据的中央存储库，而不再需要从多个来源单独提取数据。

为防止数据湖成为杂乱无章的数据沼泽，一个典型的模式是将数据湖分层进行数据治理并简化消费。原始层（或输入层）是从批处理和实时流源获取数据、进行基本数据验证检查，并应用数据安全和隐私策略对敏感数据进行分类、去标识化或匿名化的地方。基于角色的访问控制严格限制对该区域的访问。

管理层（也称为可信层或合规层）负责提取元数据、标准化数据并在将其提供给消费者之前进行清理。在消费层，将来自管理层的数据转化为适合数据仓库或机器学习模型等应用的格式。

过去，数据湖利用 Hadoop 分布式文件系统（HDFS）进行存储，利用 MapReduce 或 Spark 进行数据处理，利用 Apache Hive 进行数据仓库存储，利用 Apache Impala 作为快速 SQL 查询引擎。然而，更廉价的对象存储，如 Amazon S3、Azure BlobStore 和 Google Cloud Storage，在云数据湖存储中更为普遍。

与通过文件层次结构管理数据的文件系统不同，云对象存储将数据视为具有元数据和全局唯一标识符的对象。现在越来越多地使用分布式 SQL 查询引擎而不是使用 HDFS 来查询云存储中的数据。

　　数据湖并没有使数据仓库变得多余，而是互补。数据仓库以写时模式的原则运行，将数据转换为固定结构的数据写入数据库以优化消费。然而，数据仓库的开发非常耗时。数据湖以基本的原始形式存储数据，基于读时模式工作，即读取数据时再将数据转换为更有用的格式。读时模式需要消费者理解数据并正确转换数据，但好处是数据湖比单独的数据仓库提供了对更多数据的访问。

　　通过独立扩展计算或存储并添加处理多种数据类型的功能，云数据仓库也在发展中，以应对海量分析工作负载。流行的分析数据仓库包括 BigQuery、Amazon RedShift、Snowflake 和 Microsoft SQL 数据仓库。

　　分析型数据仓库的发展使数据湖和传统数据仓库之间的界限逐渐模糊，特别是许多现代自助式 ETL/ELT 工具允许用户直接提取来自多个数据源的数据。因此，实施数据管理最佳实践至关重要，诸如敏感数据分类和屏蔽、元数据管理、数据编目和数据血缘跟踪，尤其是在应鼓励用户重用和共享数据集的情况下。否则，分析型数据仓库有可能成为新的数据沼泽。

　　除了数据湖和数据仓库之外，还需要专门的 NoSQL 数据库。文档数据库是键值存储，其中的值是 XML、YAML、JSON 或 BINARY JSON（BSON）格式的半结构化文档。MongoDB 或 Amazon DynamoDB 等文档数据库是存储半结构化数据、元数据或配置信息的理想选择。

　　列数据库将数据按列存储在一起，而不是像关系型数据库那样行式存储。这种存储模式可以更快地减少返回结果查询读取的数据量。对大型数据集的快速查询需求使 Cassandra 和 Amazon RedShift 等列存储成为数据仓库的理想选择。Apache Druid 是一个面向列的分布式数据存储，旨在处理和查询大量实时数据，非常适合流式分析。

　　诸如 Neo4j 这样的图数据库存储有关网络关系的信息，并且在欺诈检测和推荐引擎中很受欢迎。搜索引擎擅长文本查询，Elasticsearch 是一个具有闪电般速度的分布式搜索和分析引擎，非常适合运行近乎实时的运营分析，如日志分析、应用程序监控和点击流分析。

DataOps 平台

　　支持 DataOps 的专业平台还处于初级阶段，但在数量和功能上已经开始增长。这些平台跨越了传统技术边界，提供多种功能。一些平台被设计为与现有工具协同工作，而另一些平台则被设计为对其他多个工具的替换，通常使用无代码或低代码接口。

DataKitchen 是一个支持测试、部署和编排数据管道的平台。该平台旨在尽可能多地支持组织已经使用的技术。Streamsets 是一个支持拖放的 UI 平台，用于跨多个源和目的地创建批处理和流式管道，具有监控和敏感数据检测功能。Composable 公司的 DataOps 平台以数据编排、数据集成、数据发现和分析的自动化服务为特色。Nexla 公司的 DataOps 平台由低代码工具和无代码工作流组成，用于数据集成、数据管理和数据流监控。

Lenses. io 是一个旨在与 Apache Kafka 进行本机协作来管理和监视数据流的 DataOps 平台。Saagie 的 DataOps 平台采用了许多流行的开源技术（如 Spark、Kafka 和 Hadoop）来构建和编排数据管道。

InfoWorks 和 Zaloni 的数据平台位于存储和计算服务与数据消费者之间。InfoWorks 的数据平台 DataFoundry 和 Zaloni 具有自动执行数据采集和数据同步、捕获元数据以及提供自助式数据准备、数据目录和数据血缘的能力，并能完成自动化工作流程的编排协调。

必须仔细权衡在一个集成平台内工作的便利性。平台可以替代多个工具，但往往不能为某项工作提供最佳工具，毕竟，叉勺只是叉子和勺子的普通替代品。

数据分析工具

每个 DataOps 分析管道的输出都是一些格式数据，或者用于决策支持，或者是生产环境中开发和操作的数据产品。数据科学家和分析师对工具的要求从创建图表到部署和管理深度学习模型，多种多样，各不相同。

报表和仪表板是分析团队的标准输出。数据管道的输出可以填充每个报表或仪表板。QlikView、Tableau、Looker、Microsoft Power BI、Tibco Spotfire 和 Thoughtpot 是流行的商业 BI 工具。数据科学家经常使用 Apache Superset、RShiny 和 Dash 等开源工具创建交互式 Web 应用程序。

创建分析模型的数据科学工作流程包括基础设施提供、数据获取、数据探索、数据准备、特征工程实施、模型训练和评估、模型部署和测试以及模型监控等步骤。获取正确的数据很难，但也是机器学习最关键的部分。DataOps 实践和工具提供自动的自助访问，为数据科学家提供所需格式的数据平台和高质量数据。

数据科学工作流程中通常还包括一些定制的手动任务，也会使用各种工具和库，如 Jupyter Notebooks、Pandas、Scikit-Learn、Tensorflow、Spark for Feature Engineering、模型培训和模型评估。工具和手动工作的混合使得很难提升数据科学家对解决更多问题的贡献。

有几家公司正在开发实现机器学习工作流程全部或部分自动化的工具。这些工具包括 Google CloudAutoML、H2O AutoML、Salesforce TransmogrifAI、DataRobot、Auto-sklearn 和 Auto-Keras。通过这些工具可自动执行构建模型的过程。

其他解决方案旨在支持 MLOps 和模型生命周期的管理，包括 Amazon Sagemaker、Google Cloud AI Platform 和 Microsoft Azure Machine Learning Service、Seldon、MLeap、MLflow、Hydroshpere. io、Algorithmia 和 Kubeflow 等，新的解决方案似乎每天都会发布。

数据科学和工程平台的另一种选择是组装自研技术栈。这些平台在本地基础设施之上提供一站式自助服务商店，以改进数据科学家和数据工程师的工作流程；能够将数据科学生命周期整合到单个产品中，从而提高工作效率。

这些平台包括流行的数据科学语言、编码工作区及其库，支持多租户可扩展的私有或公共云架构，包含内置协作和版本控制工具，允许发布可投入生产的机器学习模型和交互式报告，具有安全和治理功能等。一些常用的平台包括 Dataiku、Domino Data Lab、Qubole、Databricks、Iguazio 和 John Snow Labs（专门从事医疗保健）。

挑战

尽管模块化的数据架构有着显著的好处，但与单体系统相比也存在不少挑战。每个工具都必须能和与其交互的工具进行互操作，在处理多项技术时需要进行高度复杂的编排工作。如果管理不当，模块化架构可能与简单性原则背道而驰，成为观赏型的技术工具。

如今，大多数技术在结构和语法级别上都是可互操作的，因为它们可以通过共享格式（如 JSON）来交换数据，通过 SQL 或 Rest API 等通用协议进行通信，并在保留数据模型、结构和模式的同时交换数据。

然而，这些技术很少在元数据和语义或共享含义级别上具有互操作性。缺乏互操作性意味着有价值的上下文和元数据不会在工具之间传递。如果没有语义和元数据互操作，数据血缘跟踪、数据来源识别、可重复性、数据统一、依赖元数据的执行与测试和最终用户解释都变得更加困难。

随着问题变得更加突出，解决方案也开始出现。Dagster 是一个很有前途的开源 Python 库，它通过标准 API 在 AWS、Spark、Airflow 和 Jupyter 等常用技术之上添加了一层抽象。Dagster 将 ETL 和机器学习管道视为单个数据应用程序，使子任务可以在它们之间传递元数据。

在出现更多以 DataOps 为中心的解决方案之前，必须注意保持模块化组件之间的边界，特别是在工具功能重叠的情况下。转换和分析逻辑应该尽可能保留在每个工具中，使得版本控制、测试和持续集成的 DevOps 最佳实践更易于应用。避免逻辑泄漏到编排工具或配置文件中，因为这会导致紧密耦合，并使调试管道或更新技术栈变得更加困难。

建造 vs 购买

技术栈应该不断发展以满足组织的需求、价值、原则和实践。约束理论告诉我们，至少有一个约束限制着目标实现的速度。在某种程度上，技术生态系统的一部分将成为一个相当大的瓶颈，值得努力对其进行升级。技术上是采用定制内部解决方案、商业产品、付费服务还是开源软件，是一个让人望而生畏的抉择，每种选择都需要权衡利弊。

扩展

第一个选项应该是不采用任何新的解决方案，而是扩展现有的解决方案。与其扔掉已经拥有的东西，不如确定功能是否可以扩展。例如，PostgreSQL 等传统关系数据库也可以处理半结构化 JSON 数据，这可能会消除安装 MongoDB 等 NoSQL 文档数据库的需求。

扩展现有技术的学习曲线比较平缓，因为可能已经有团队了解它。扩展而不是引入新技术对架构的影响也较小。扩展的不利之处在于，增量收益可能不会很显著，迟早需要另一个解决方案。延长现有的解决方案也可能建立在不稳固的基础上，并导致技术债务的积累。

内部构建

内部构建自定义解决方案提供了根据组织需求定制技术的绝佳机会。理论上讲，生产中任何自行开发的机器学习或深度学习模型都是组织的内部定制解决方案和差异化因素。但是，许多组织会更进一步，即开发定制库和数据科学平台来管理数据产品工作流。虽然自主开发的解决方案有好处，但也有巨大的成本和风险。

过度乐观是导致人们在思考中出错的 12 种认知偏差之一[6]。作家道格拉斯·霍夫斯塔特（Douglas Hofstadter）创造了霍夫斯塔特定律来描述准确估计完成复杂任务所需时间的难度[7]。霍夫斯塔特的自我参照定律指出，即使考虑到霍夫斯塔特定律，完成一项复杂任务所需的时间总是比预期的要长。在开发团队中经常流传着一个笑话，不管你什么时候问，产品总是要从你要求的完工日期一年后才能发货。

虽然工具和平台还处于开发阶段，但潜在的直接成本、机会成本和延迟成本都很高。直接成本，比如开发时间，很容易量化，但它们只是冰山一角。用户放弃使用仍在开发中的技术，导致本可以产生效益和反馈的产品和项目出现延迟成本。还有开发人员资源的机会成本，因为时间可以用来构建全新的功能，而不是复制现成的产品上。

成本并不会随着新技术的初步开发成功而结束，修复缺陷和添加新功能需要持续的维护成本。

购买或租赁现成产品

与构建定制解决方案相比，购买现成产品的风险更小。只要购买，用户就可以非常迅速地用上高级功能。供应商可以利用规模经济来更广泛地分摊开发团队的成本，因此，在大多数情况下，即使考虑到供应商的利润，购买也比内部开发更便宜。

商业软件的供应商可以提供技术支持并经常更新。一款受欢迎的产品还会有自己的用户社区，用户可以在论坛上得到帮助；还可能拥有一个生态系统，通过插件和扩展来扩大产品的范围。

越来越多的供应商在云上提供产品作为服务，而不是在本地机器或数据中心安装软件。服务范围从基础设施即服务（IaaS）、平台即服务（PaaS）、软件即服务（SaaS）和功能即服务（FAAS）到托管无服务器平台：

- IaaS 是最基本的服务，允许用户通过云访问基础设施，如虚拟机。亚马逊 EC2 服务就是一个例子。但是，用户必须花费时间调配基础设施、安装软件和进行配置。
- PaaS 在基础架构之上添加了完整的开发和部署环境，从而无须担心基础架构、操作系统、开发工具或数据库即可进行应用程序开发。PaaS 的例子包括 Google App Engine 和 Heroku。
- FaaS 比 PaaS 更进一步，提供了高度可扩展的环境来运行代码功能，而不是整个应用程序，这使其非常适合构建微服务或运行代码以响应事件。Apache OpenWhisk、AWS Lambda 和 Microsoft Azure Functions 都是 FAAS 的示例。像 Nuclio 这样的框架增加了对数据分析工作负载的支持。

- SaaS 是第三方开发的功能齐全的应用程序平台，用户可通过互联网直接使用。GitHub、Slack 和 Dropbox 是 SaaS 应用程序的示例。
- 托管无服务器平台消除了管理基础设施、配置软件和扩展服务器的麻烦和复杂性，如 Google BigQuery、Databricks Serverless 和 Azure Stream Analytics。

商业解决方案的缺点是，供应商控制着技术，影响未来发展的路线图可能很有挑战性。客户可能最终会为他们不想要的功能付费，但却错过了需要的某些功能。然而，即使首选是内部构建、购买或租赁，商业解决方案也可以被视为一个学习的机会。例如，从实际使用中了解哪些功能是有用的，可以指导内部替代方案的开发。

第三方供应商必须高度信守承诺，确保产品安全，并在提供关键功能的情况下继续运营。如果以后很难迁移到其他技术上，那么供应商锁定是一个真正的风险。当供应商坚持使用他们的数据模型和专有数据格式时，就会发生锁定的情况。

借用开源软件

开源软件提供了商业产品的大部分功能和好处。贡献者社区负责开发、维护和错误修复。最受欢迎的开源软件项目的贡献者远远多于任何一家公司对商业或内部产品的人员投入。例如，TensorFlow 拥有超过 2000 名全球贡献者。

广泛的开发人员和用户社区通过文档、论坛和讲座提供帮助。在某些情况下，开源软件可以获得商业支持。例如，Cloudera/Hortonworks 和 MapR 在 Hadoop 生态系统之上提供企业服务。

流行的开源软件拥有很多消费者，这使得招募有经验的开发者比专有系统更容易。开源软件许可证通常允许免费使用和访问源代码，这降低了前期成本，并避免了供应商锁定。

开源软件相比商业软件确实有一些缺点。这些软件开发由第三方维护人员控制，因此，不能保证快速修复错误或开发所需的特定功能。通常，开源项目可能会被完全放弃。然而，源代码的存在减轻了一些风险。开源软件用户可以将项目分叉并将其应用到不同的方向，或者通过提交拉取请求（Pull Request）贡献代码来添加自己需要的功能或补丁。

与基于云的 FaaS、SaaS 和托管无服务器平台相比，大量使用开源软件也存在缺陷。因为开源软件的目标用户就是和其开发者一样的技术用户，所以开源软件的学习曲线可能非常陡峭。采用开源软件通常需要大量投入来探索如何将其在现有架构和环境中集成和工作。开源软件的总拥有成本并不是免费的。在管理基础设施、配置开源软件和环境以及处理降低其成本优势的更新方面，仍然存在持续且被低估的需求。

扩建、构建、购买、出租或借用

使用现在所知道的技术或工具并扩展现有技术通常是首先考虑的最佳选择。虽然闪亮的新技术可能看起来令人兴奋，但最好不要落入简历驱动型开发的陷阱（让人们选择对他们的简历最有利的技术，而不是仅为解决问题）。"东西不坏就不要去修"这句谚语的存在是有原因的。

如果扩展现有技术不可行，那么即付即用服务通常是下一个最佳选择。一旦使用 SaaS 或托管服务，就再也不会想去管理基础设施和硬件了。

内部自研技术应该是最后的手段。在自己构建的路线上有大量浪费的可能性，比如浪费时间、浪费金钱和浪费机会。

对于大多数组织来说，数据以及如何使用数据创建数据产品通常是竞争优势的来源，而不是技术。只有当该技术在其他地方不存在，并且构建专有解决方案将成为竞争优势的来源时，才应该考虑内部路径。

云原生架构

云原生架构应该是 DataOps 最终的理想状态，因为它在创建自服务平台方面具有优势。然而，必须适应云提供的独特机会和约束，否则，正如 Damon Edwards 的名言所说，"如果没有自服务运营，云托管 2.0 的成本就会很高[8]。"

计算和存储技术的成本持续下降，开源代码的增长给软件成本带来下行压力。然而，数据分析专业人员的成本继续上升。

好的 DataOps 技术栈应该具有良好的扩展性，要比维护和使用它快得多。如果数据产品的数量或数据集的大小翻了一番，DataOps 技术栈应该可以扩展和处理其工作负载，而不需要两倍的人员或额外的等待时间。

达到容量限制或等待数月才能在传统数据中心调配新服务器，是常见的效率瓶颈。然而，云提供了几乎无限的可扩展性和灵活性。弹性服务可以按需启动，不再需要时可回收资源。存储和计算可以扩展以处理任何规模的工作负载。

使用云时无须担心固定基础设施的容量限制和弹性，而是鼓励自动化，通过不为未充分利用的资源付费来利用弹性、可扩展性和成本节约。云还鼓励自服务，因为用户可以通过 API 获得服务，并且集中的角色权限允许访问所有允许的资源，而不需要多个单独的请求。

因为每个人都在使用相同的平台和工具，集中式云平台可促进协作并帮助打破组织障碍。云还为集中监控、治理和控制多种资源提供了完美的平台。

由于集成和效率优势，云原生架构更青睐托管服务。由于存在锁定风险，许多组织对托管和无服务器服务持谨慎态度。然而，这种风险往往被夸大了。

像 Amazon Elastic Kubernetes Service 这样的托管开源服务比自我管理多了很多的好处，而且风险很低。托管专有服务，如 Snowflake 或 Google BigQuery，仍然值得采用，因为与其他服务相比，它在操作和性能上都有显著优势。与自我管理的开源软件相比，专有的托管服务没有明显的性能或运营优势，这是一个灰色地带，需要个案考虑。

不断发展的技术栈

紧跟技术的快速变化以支持数据运营并非易事。来自技术社区的新公告源源不断，团队成员想要尝试的工具和技术也很多。采用不符合目标的技术，或者在有更好选择时使用定制的解决方案或产品，很容易走入死胡同。幸运的是，有一些技术可以帮助跟踪技术演进和采用时间：沃德利（Wardley）地图和技术雷达。

Wardley 地图

西蒙·沃德利（Simon Wardley）是一名研究人员和顾问，作为软件公司 Canonical 的副总裁，他帮助其 Ubuntu 操作系统成为公共云中占主导地位的操作系统。Simon 在 2005 年开发了 Wardley 地图，作为一种将用户对产品或服务的需求绘制到组件价值链的方法，这些组件以一种有助于理解上下文和组件演变的方式提供产品或服务[9]。如今，英国政府广泛地将 Wardley 地图用于战略规划。

在 DataOps 技术栈中，组件是结合在需求链中的硬件、软件和服务元素。Wardley 地图由两个轴组成：Y 轴为用户绘制组件的值，X 轴测量组件的成熟度。客户及其需求构成价值链和地图的锚。

Wardley 地图是特定于上下文的，组件的位置随着时间推移而演变。图 9-3 显示了使用 Imply's Pivot 仪表板工具构建的交互式实时分析仪表板的 Wardley 地图示例。

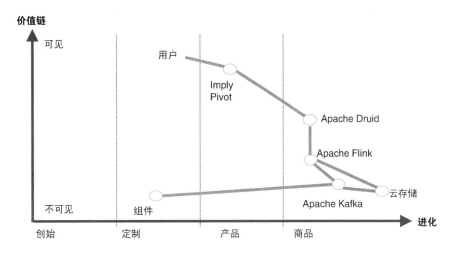

图 9-3　实时时间序列分析仪表板 Wardley 地图

为用户创造高度可见价值的组件在 Y 轴上处于较高的位置，而为用户提供不可见价值的组件在 Y 轴上处于较低位置。例如，一个电影推荐模型对于视频订阅用户来说是高度可见的，但是该模型的电力计算组件是不可见的。

Wardley 地图的 X 轴分四个阶段衡量组件的成熟度，包括创始阶段、定制阶段、产品阶段和商品阶段。

创始阶段（Genesis）是一个领域组件定制研发工作的起点，例如第一台计算机、第一个云计算环境或编程语言的第一个版本。这个阶段组件具有巨大的潜在价值，但也存在研发方向的不确定性和高失效风险。

如果该组件在创始阶段显示出良好的效益，它将进入定制阶段（Custom-Built）。多个组织会基于原始组件创建其定制版本，市场或社区慢慢形成，进一步开发的投资回报率逐渐变得清晰。然而，该组件仍然处于技术前沿位置，是专家的专利，拥有罕见的专业知识才能掌握使用。

定制阶段的成功将使得组件进入产品阶段。产品阶段包含快速增长的消费，以及多种产品版本组件的创建。这些版本多半对用户友好、广泛使用，并且可以通过功能区分开来。消费者会对任何能给他们带来明显好处或优势的东西提出更高的要求。越来越多的供应商竞相改进产品并增加更多功能。与使用现成产品的消费者相比，创建自定义组件版本的消费者处于不利地位，这导致他们也会跟上开始采用组件的产品版本。

不受欢迎的想法会更早消亡，但高需求和竞争将确保最有用的部件保留到最后，即商品阶段。最终，差异化产品可能会停滞不前，有用的功能会被复制，从而使产品变得统一。产品的高成本促使人们开发廉价、标准化的商品版本，并将其视为一种工具软件。不断增加的需求会带来规模经济，从而进一步降低成本。组件不再是差异化因素，而是一种经营成本。

发起商品化的往往是市场的新进入者，因为他们没有需要保护盈利产品的惯性。一家著名的在线书商颠覆了企业计算领域，就是一个著名的例子，引发了许多计算组件从产品到商品的跃升。

许多最成熟的技术组件都成了工具软件商品，在行业中得到了充分理解、标准化和广泛使用，包括虚拟化软件、云存储、数据库、操作系统、安全库、版本控制软件和编程语言等。

成为工具软件并不是一件坏事。因为不必重新造轮子和处理定制的变化，云计算基础设施和操作系统的商品化使更先进的产品能够以更低的成本和更快的速度诞生。

分布式数据处理框架 Apache Hadoop 是一个很好的例子，体现了组件在 Wardley 地图中经历的四个发展阶段。Hadoop 是在该项目的联合创始人 Doug Cutting 和 Mike Cafarella 阅读了 Google 的 MapReduce 和 Google 文件系统文章之后，2006 年开始构建的，它起源于 Apache Nutch 项目的一个子项目。Hadoop 很快被拆分成一个单独的开源项目，并产生了大量定制版本安装，特别是在 Yahoo、Facebook 和 LinkedIn 中。

一些有进取心的供应商看到了通过将 Hadoop 转变为产品并扩展生态系统来实现标准化的机会。从 2008 年开始，Cloudera、HortonWorks 和 MaprR 创建了企业级 Hadoop 发行版，使在 Hadoop 方面没有深厚专业知识的组织也能在其数据中心创建 Hadoop 集群。

如今，Hadoop 已经成为主要云供应商提供的商品。亚马逊的 Elastic MapReduce（EMR）、微软的 HDInsight 和谷歌的 DataProc 允许任何持有信用卡的人按需创建、调整大小、拆除 Hadoop 集群，并按次付费。云供应商负责处理所有安全、调优、配置、缺陷修复和升级过程。

使用 Wardley 地图

Wardley 地图的好处在于，它们创建了价值链中组件的动态可视化展示，这在诸多方面都很有用。最简单的起点是沿着进化的 X 轴绘制组件图。Wardley 地图只是展示组件在市场上出现的情况，而不是教导如何使用它们。例如，如果已经在内部构建了一个关系数据库，因为存在许多开源的托管服务关系数据库，所以它已经是一种商品。图 9-4 显示了一些标准组件在 DataOps 技术生态系统中的位置。

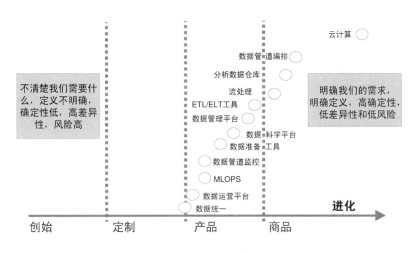

图 9-4　数据分析技术栈中常见组件的演变

正如建筑商只会使用商品砖，而不会用黏土和熔炉自己制作砖块一样，Wardley 地图突出显示了定制产品或解决方案可以用更先进的组件替换的地方。这个地图还可以帮助检测哪些定制解决方案因为客户重视而有用武之地，以及帮助发现整个组织中的重复组件。

可视化地图上的移动可以确定值得考虑的组件和时间，同时避免炒作或死胡同。由微弱的信号可以预测组件何时可能会在进化过程中发生跳跃和出现阶段之间的交叉。如果一个组件不显示这些微弱信号或没有阶段迁移，那么这就是危险信号。

组件能够跨越创始和定制之间的鸿沟，与高水平的认知相关。例如，媒体上出现了许多关于组件的独立帖子，GitHub 存储库中有较高的星级和较多的分支，以及正在出现的组件相关培训课程、聚会和会议，这都是表明高认知度的微弱信号。例如，Spark 在 2014 年和 Tensor-Flow 在 2016 年分别显示了这些颠覆性信号。这些信号出现时是考虑采用该组件的重要时点。

下一组信号出现在多个供应商看到商机并创建具有差异化功能的产品时，这些产品比定制的解决方案更易于操作和维护。例如，SaaS ETL/ELT、MLOps 和数据科学平台目前正处于这个阶段，每天都会有新的产品和功能发布。供应商和功能的爆炸式增长是考虑产品而不是定制解决方案的信号。

在最后阶段，功能差异消失，对操作和维护优势的讨论减少，相反，会有更多关于如何使用组件的讨论，更复杂的组件构建在增加。在这一点上，没有人会为组件的某个版本承担比另一个版本高得多的价格，所以是时候放弃一个产品，转而购买一个商品版本了。组织从内部专有关系型数据库切换到云中的分析数据库，就是这种现象的一个例子。

技术雷达

领先的技术咨询公司 ThoughtWorks 开发了技术雷达这个可视化工具，用于捕获有关工具、技术、平台和框架的信息，并促进对话[10]。雷达是一种隐喻式的图形工具，可以客观地评估和选择适用于不同场景的最佳技术，并且其操作比 Wardley 地图更精细。

技术雷达根据生命周期分类，从保留、评估、试用到采用阶段的技术列表，在雷达图上绘制为圆环。不推荐使用外托环中的技术，因为它们还不够成熟或存在其他问题。

评估圈中向内发展的技术前景看好，值得追踪，但还不值得试验。下一个环节是试用，因为能在有限的用例中解决诸多问题，其中包含能够更广泛采用的技术，这需要更多经验来了解风险和建立能力。最内环是采用，人们确信采用这些技术可以实现他们的目标。

雷达图由四个象限组成，这是将技术组织到相关领域的一种方式。与采用生命周期不同，象限的命名和定位并不重要。在当前版本的 ThoughtWorks 技术雷达图中，四个象限分别是技术、语言和框架、平台、工具。图 9-5 显示了 DataOps 技术的建议分组。

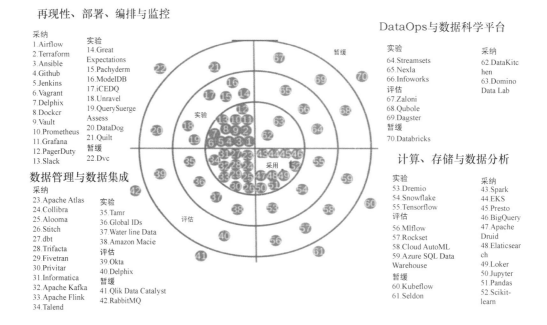

图 9-5　一个 DataOps 技术雷达图

雷达图不是自上而下指令的结果，而是一群有代表性的资深专业人士和技术专家讨论的结果。该小组定期讨论和投票决定要包括的技术及其在雷达图上的位置。理想情况下，这个过程每年循环两次。要包括的技术范围不是整个市场，而是那些可能在日常生活中有用、值得密切关注的技术。

应该鼓励人们尝试新技术，但他们也有责任诚实和公开地展示其价值或分享其不足。技术雷达是一种集体突破宣传，要采用最佳的技术，而不是尝试无法以最佳方式完成工作的新颖工具。

总结

在以敏捷的方式开发解决方案并以 DevOps 的速度交付时，数据产品和管道对软件应用程序有不同的考虑。传统的以 IT 应用程序为中心的流程和技术存在工作效率方面的瓶颈，它们在设计上从未考虑过处理当今存在的各种不同的数据源、数据格式和场景。然而，作为可互操作模块化最佳生态系统的一部分，正确的技术可以成功地支持 DataOps 实践。

DataOps 生态系统中的技术必须允许自助访问数据和工具，以减少摩擦、进行扩展来满足需求、协调复杂的流程，并通过有效的数据管理来促进信任。技术还必须允许通过可重复性、重用、测试、监控和自动化来提高速度。只有当组织利用正确的技术时，才能克服，瓶颈推动目标的实现。到目前为止，书中提出的想法可能与您组织中的活动相去甚远，下一章将概述如何分步实现 DataOps。

尾注

［1］ Accelerating the Pace and Impact of Digital Transformation，Harvard Business Review，November 2016. https：//hbr. org/sponsored/2016/11/accelerating-the-pace-and-impact-of- digital-transformation

［2］ Kevin Trethewey and Danie Roux，The Spine Model. http：//spinemodel. info/

［3］ The DataOps manifesto. www. dataopsmanifesto. org/

［4］ Donald G. Reinertsen，The Principles of Product Development Flow：Second Generation Lean Product Develop- ment，March 2012.

［5］ Gil Press，Cleaning Big Data：Most Time-Consuming，Least Enjoyable Data Science Task，Survey Says，Forbes，March　2016. www. forbes. com/sites/gilpress/2016/03/23/data-preparation-most-time-consuming-least-enjoyable-data-science-task-survey-says/

［6］ Christopher Dwyer，12 Common Biases that Affect How We Make Everyday Decisions，Psychology Today，September　2018. www. psychologytoday. com/us/blog/thoughts-thinking/201809/12-common-biases-affect-how-we-make-everyday- decisions

［7］ Douglas Hofstadter，Gödel，Escher，Bach：An Eternal Golden Braid，1979

［8］ Damon Edwards，Without Self-Service Operations，the Cloud is Just Expensive Hosting 2. 0，DevOps Summit 2014，Nov　2014. www. slideshare. net/dev2ops/with-selfservice-operations-　the-cloud-is-just-expensive-hosting-20-a-devops-story

［9］ Simon　Wardley，Wardley　maps，Topographical　intelligence　in　business，March　2018. https：// medium. com/wardleymaps

［10］ Technology Radar，ThoughtWorks，www. thoughtworks. com/radar

第10章

DataOps工厂

数据科学与分析工作处于杂乱无章的分散状态。2016 年 KPMG 对全球 2000 名数据分析决策者的研究显示，只有 10% 的人认为他们在数据质量、工具和方法方面表现出色，60% 的人表示他们对自己的分析见解缺乏自信[1]。对于那些从数据科学与分析中获得可衡量成功的组织来说，在数据质量、产品化能力，以及在人员或技术投资上产生有意义的回报方面，有些表现得差强人意。数据运营解决了当今数据科学与分析所面临的诸多问题。通过采用数据运营的策略，企业可以像工厂一样，以一致、可靠、快速、可扩展和可重复的流程交付数据产品。

除非遇到崭新的领域，否则不太可能按照 DataOps 方法直接达到所有分析工作的最终状态。遵守敏捷和数据运营的原则，实现最终目标的过程必须是迭代、频繁的小步骤。

DataOps 转型没有成熟的方案，只有在应用实践中遵循数据运营原则和价值观的准则。每个组织都有不同的起点和能力。本章各小节将阐述建议的操作步骤，这些建议步骤并不总是循序渐进的，而是可根据上下文调整或跳过。

第一步

DataOps 必须以数据科学与分析的结果作为目标，只有以结果为导向才能促使共同目标的达成；DataOps 不是产品，它是数据科学与分析成功的促成因素。数据科学与分析必须服务于组织的战略使命、愿景和目标。如果没有与组织的业务目标保持一致，数据科学与分析计划就不可能取得成功。

从数据战略开始

DataOps 的开启需要构建一个全局视图与数据战略。麦肯锡公司在 2017 年的一项调查发现，有清晰数据战略的公司成功数据分析项目数量要高于同行业 2.5 倍以上[2]。

数据战略是对组织内部和外部环境的分析，最终形成路线图，以缩小数据分析当前状态的适用性和满足组织目标之间的差距。数据战略可帮助组织基于目标做出决策和选择，而 DataOps 是交付战略的关键组成部分。DataOps 阐述了人员、流程和技术如何协同工作以消除数据生产和数据消费之间的不匹配，从而满足组织的战略愿景。

除非你知道自身所处位置，否则就不知道该往哪个方向走。数据战略的场景分析要捕捉组织的使命、愿景、目标、优势、劣势和外部环境。该分析提供了对决策者如何使用数据、人才和专业技能的深度、当前和计划的技术能力、流程成熟度水平以及数据管理状态的关键性认识。

认同采用新工作方式的利益相关者和决策者至关重要，因为这样可以避免浪费时间试图转变那些保守的管理者。数据战略还会产生一组潜在的洞察计划，这些计划将成为战略主题、投资组合愿景和使命，通过敏捷团队和实践进行交付。这种洞察对于 DataOps 的迅速启动非常有价值。

领导力

数据分析的领导者或领导小组应引领向 DataOps 方向的转型；强大的领导力使变革更容易实现。DataOps 领导者应该有能力为变革提出理由、设定愿景，有责任消除障碍或改变流程，并在组织的其他部分，尤其是 IT 和业务利益相关者中具有可信度。通常，领导者来自首席数据官或组织中负责数据科学、数据分析或数据工程的最高级人员。

DataOps 领导者的首要任务是确定支持转型的高级管理人员，以及组织中将受到引入 DataOps 影响的人员，或者数据消费者，因为他们对数据生产过程至关重要。一旦确定，组织中的相关人员必须坚信需要变革。

变革的理由表现在两个方面——外部威胁和内部不足。大多数组织都在竞争环境中运作，或者面临被更灵活的组织击败的风险。通过展现一些示例，比如竞争对手如何更好地利用其数据资产或更快地创新，会让组织人员产生紧迫感。凸显内部问题会为更好的未来状态奠定基础。考虑到这两种类型的威胁，可以得出一个令人信服的论点，即现状需要改变。

精益思维工具（如价值流图）是呈现当前问题的好方法，因为它们能够可视化和量化当前流程中的不合理，找到已经存在瓶颈的环节。从 IT 运营、数据管理到数据科学，非常有启发性地让尽可能多的团队参与到可度量的生产工作中。众多团队的参与可以凸显数据生产和数据消费之间差距最显著的地方，如耗时数月的软件包审批、糟糕数据质量的整改、无法高效的计算资源，以及缺乏软件配置和等待数据使用许可导致的服务器彻夜空转。

大多数组织关注更多是产品开发而不是流程创新，除非显而易见。大多数人都没有意识到变革的必要性。对很多人来说，接触价值流图和支撑数据可能是他们第一次看到将原始数据转换为数据产品的端到端过程，以及扼杀和抑制数据价值创造的过程和政策。

大多数组织实施一些过时的僵尸流程和政策，起初制定它们的原因已不再有效，但仍将其作为目的应用于自身，因为这是他们一直以来从不质疑的做法。为了解决这个问题，领导者应该收集糟糕数据质量的成本、延迟成本以及低投资回报率的数据，并分享它们对数据投资的影响。

领导者必须提出令人信服的变革理由，并启动文化转型进程。任何人都不想成为不健康过程的一部分，他们应该期待参与确定要进行的改进。

除了变革的理由外，DataOps 领导者还必须传达变革的愿景。变革的愿景阐明了你想去的地方，并激励人们朝着这个方向前进。

愿景可以包括更多由数据驱动的决策、提高生产力、加快上市时间、增强对数据的信心、降低成本、提高客户参与度和加快创新。最后，应把 DataOps 作为实现愿景和解决许多当前已知问题的方法。

最小可行的 DataOps

当变革的理由被接受时，数据战略就完成了，即使是最基本的数据战略也比没有好，毕竟所有困难的工作才刚刚开始。即便团队和组织已经意识到变革的必要性，也仍需要努力向更好的方向过渡，因为习惯和文化的根深蒂固导致了组织的惯性。组织也可能会失败，因为它们常常在学会走路之前就试图跑步。

答案是不要想得太多，而是从一个最小可行的 DataOps 解决方案开始，以此最大限度地提高成功的机会。最小可行 DataOps 旨在快速地实验、学习并向组织展示价值。

第一个方案

最小可行 DataOps 是一种避免组织在数据科学与分析中犯两个常见错误的方法。莫妮卡・罗加蒂（Monica Rogati）著名的人工智能需求层次图说明了成功交付 AI 和深度学习所需的深层次能力[3]。图 10-1 说明了 AI 需求层次结构和最小可行 DataOps 方法。

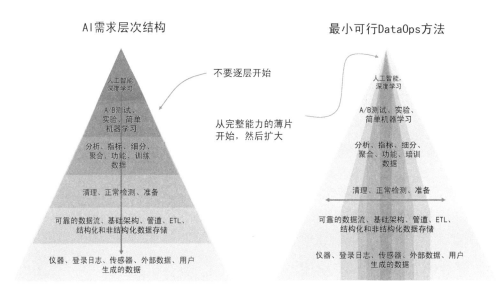

图 10-1　AI 需求层次结构和最小可行 DataOps 方法

大多数希望更好地利用数据分析的组织都认为必须从 AI 层次结构的顶层开始。因此采取了雇用博士的乐观策略，但由于缺乏成功的适当基础，这一策略失败了。其他组织通过瀑布式项目管理和职能团队一次构建一个层次，但这是一个缓慢的过程，会导致层次错位。

最小可行数据运营通过专注于单个分析计划，并以最敏捷和精益的方式提供端到端解决方案，然后在未来迭代中扩大能力，从而避免了这两个错误。即使有高层支持和丰富的资源预算，这种方法也是正确的选择，因为它避免了过度设计项目计划和解决方案的风险。

数据战略通过确定初始分析计划的选项来告知最小可行数据运营的起点。启动计划决定了将参与的利益相关者和团队、数据要求、执行的难度以及成功后的收益。

我们的目标应该是选择能够证明可测量的早期收益的东西，提供可以在组织中其他地方复制的认知和信心，并得到可接受的组织利益相关者（即从结果中受益的利益相关者）的支持。输出应该是可以迭代和改进的数据产品，如客户流失预测模型、社交媒体情绪分析仪表板、欺诈检测模型、预测性维护模型或供应链需求预测模型。

组织的利益相关者应该是极其希望数据分析能够支持实现组织目标的人，他们在组织内得到尊重，并且能够影响组织的其他成员，以消除阻碍因素并传播愿景。举措不一定是新的，可能是一个现有的但有很大改进空间的流程。

度量

在选择了一个特定的计划之后，下一步是进行度量，而不是匆忙地进行更改。具有讽刺意味的是，数据科学家使用数据来衡量一切，但不衡量自己的过程。在转型发生之前，需要自我反省来确定要改变什么。精益思维工具（如价值流图）可以帮助可视化和量化端到端流程中的浪费和瓶颈。

在 DataOps 转型的早期阶段，重点应该放在最后一公里，提供正确的数据产品，以最有效的方式解决正确的问题。不可能在一夜之间改变组织的文化，修正数据管理实践，转变运营或重新构建技术基础设施平台，但是，运用价值流图后，仍然可以通过采用 DataOps 实践和加强协作来确定要修复的严重痛点。

第一个 DataOps 团队

下一步是创建一个专门的领域团队，为未来的团队创建原型。DataOps 领导者应该选择最热衷于采用新工作方式的人，因为他们将成为帮助未来团队成功过渡到 DataOps 团队的变革推动者。作为回报，DataOps 领导者在转型过程中对数据运营团队进行指导，并帮助消除其前进道路上的障碍。DataOps 对大多数团队成员来说将是一个新概念，因此 DataOps 领导者的第一个贡献是对团队成员进行培训和激励参与。

有效的团队贡献超越了专业技能。团队成员必须密切关注领域及其结果，并看到更大的愿景，以便可以在舒适区之外做出贡献。理想情况下，DataOps 团队应致力于该计划，并拥有尽可能多的跨职能技能来独立开发、测试、生产和监控数据产品。团队必须从孤立的工作过渡到跨学科合作，并与其他利益相关者进行合作。

团队的形成为创建自组织团队和采用敏捷方式提供了机会。团队必须具备专业知识，并有信心自主快速做出决策。

团队可以选择敏捷框架，包括 Scrum、Scrumban 和看板。这些框架非常有价值，因为它们通过定期会议和复盘持续改进创造了良好的交付节奏。理想情况下，团队应该在一个专用办公区进行现场协作。

新的分析举措应指定一名产品负责人，通过与利益相关者和跨职能数据运营团队合作来管理进度。组合看板对于数据运营领导者跟踪进度非常有用。产品负责人通过阐明将解决的问题、衡量手段以及该任务的数据和非功能性需求，来创建史诗的假设陈述。如果第一个史诗中有多种选择，史诗优先矩阵可以帮助做出决策。

数据科学与分析包括两个过程——数据产品开发和持续生产。因此，团队的目标是打破两者之间的所有障碍，以实现更快的迭代。

DataOps 团队的目标是开始实施诸如测试、扩展、还原、复用、部署和监控之类的实践，这些实践以后可以被其他计划和团队共享和重用。此时，完全自动化不是优先事项，因为首先获得基本的实践和协作是至关重要的。

DataOps 团队应首先通过水印数据建立对数据的信任，增加文件验证、完整性测试和对数据质量（数据完整性、数据正确性、数据一致性、数据精确性、数据统一性）的检查。团队应积极监控数据质量，以处理意外变更和故障。有了数据检查和数据产品监控，团队可以处理数据丢失、数据库结构变更、失败的流程和许多其他故障，以免引起代价高昂的下游问题。

在检查和监控到位后，将实施对代码、配置文件和数据集的版本控制。版本控制有很多好处，它允许多人在同一个代码库上协作，使组件的重复使用更容易，并提供了一种通过版本描述了解代码等随时间变化的方法。版本控制也是支持持续集成和持续交付的第一步。

DataOps 团队使用的一些工具和技术对当前团队来说可能比较陌生。因此，领导者应该为持续培训分配资源。应对组织中其他地方使用的软件进行标准化，这在 IT 运营中也很有帮助。采用 Git、Jira、Confluence、Jenkins、Vault 或 Puppet 等技术团队使用过的软件，可以为数据科学与分析团队带来了更高的可信度。

最终，效益是数据分析的衡量标准。如果一个数据科学或分析团队消失，组织中的人员应该能感受到。数据科学与分析应该是具有可测量积极影响的核心组织能力。

开发效益衡量和产品健康度监控是团队的重中之重。与组织利益目标保持一致还避免了从数据开始而不是问题开始的陷阱，这可能会提供有趣的见解，但对团队以外的人没有真正的价值。有了适当的度量，团队可以为自己设定改进目标。

创建反馈闭环对于改进结果至关重要。内部客户以组织利益相关者的形式提供反馈，这些利益相关者从结果中获益，这对于防止团队偏离轨道也很重要。定期的服务交付评审会议是 DataOps 团队与组织利益相关者讨论前者在多大程度上满足了期望的机会。

通过遵循批量反馈原则，可以实现快速反馈，以减少工作的反复。团队可以首先构建一个简单的机器学习模型或仪表板，然后进行频繁的小迭代，以快速显示价值并避免过度优化。快速反馈还将提醒团队他们需要进行的更改，例如，如果原始假设是一个糟糕的测试平台，则为最小可行的 DataOps 选择不同的方案。

尽可能频繁地宣传采用 DataOps 早期实践的好处，引起其他团队的关注和好奇，这一点至关重要。应该为频繁的小规模迭代创建一个定期度量的指标，据此分享 KPI 收益提升、时间节省、资源提效和数据质量改进等。

从小处着手可以减少风险和顾虑，同时仍然要创造学习和展示成果的机会。通过最小可行的端到端 DataOps 管道来证明价值，更容易获得组织其他部门的支持。

跨团队扩展

DataOps 不是一个项目。DataOps 的每一次迭代都不是最后一次。随着将最小可行 DataOps 落地实施并把它的好处广而告之后，下一阶段是将实践扩展到更多领域。接下来的目标是达到一个临界点，在这个临界点上，继续实施 DataOps 实践、原则和价值观的过程比抵制它们更具吸引力。以结果为导向，避免与难以变革的部门进行耗时的政治斗争，或浪费时间开发大规模变革管理计划。

达到临界点

从数据战略中可以确定下一组可扩展数据运营的使命计划和领域团队。仍然会有怀疑者和批评者认识不到变革的必要性。因此，仅邀请数据战略相关组织或人员是合适的。

如果第一个 DataOps 团队很好地宣传了它的成功案例，那么就不难找到团队成员志愿者和其他希望从新的工作方式中受益的组织利益相关者。组织利益相关者不必是组织中具有影响力的利益相关者和决策者。在这个阶段，更重要的是在整个组织中取得成功，并使数据运营成为在组织中提供数据科学与分析的最常用方法。开展 DataOps 实践的团队越多，数据分析的投资回报就越高，组织也就越高效。

成功扩展 DataOps 需要的不仅仅是正确的实践。这对文化、组织、工作方式和流程都有影响。DataOps 领导者必须对第一个 DataOps 团队给予同样的关心和关注。

定期回顾和团队自检是确保团队保持在变革轨道上的最佳方式。然而，对于多个 DataOps 团队，需要明确的协调机制来保持势头，防止这些团队退回到坏习惯中。

团队协调

第 8 章描述了如何通过卓越中心、公会或协调角色进行协同，以确保面向领域的团队不会成为孤岛，而是受益于最佳实践和职业发展机会的交叉熏陶。团队间的协调和协作是传播最佳实践和持续改进的积极力量。

团队可以利用协调能力与他人协商，并在最佳技术和实践上实现标准化。随着时间的推移，此过程可以扩展专业知识、降低复杂性，并实现更大的标准化。

积极协调让那些热情的领导者能够分享知识并引导转型。例如，DataOps 卓越中心是构建学习、交流和持续改进的永久孵化基地的一种方式。

职能团队的高级成员们服务于卓越中心，并作为敏捷团队运作，DataOps 领导者作为产品经理和高级利益相关者。卓越中心积极指导个人和团队，帮助他们获得新技能，建立数据运营实践，制定路线图，培养敏捷开发精益思维文化。

文化

创建协调的面向领域 DataOps 团队是围绕理想数据运营模式构建团队的第一步，而不是传统上的围绕功能性技能或技术构建团队。同样重要的是正确的文化和数据治理。

DataOps 领导者必须在完成转型所需的数月时间里加强文化变革。必须停止鼓励 DataOps 团队将数据工程、数据科学与分析视为由独立、垂直的职能团队，让他们去执行一些离散任务。相反，他们必须学会通过工厂比喻方式将工作视为每个人都有责任的横向端到端流程。

数据运营领导者及其变革推动者必须积极营造持续改进和创新的文化。团队必须通过为其数据产品的消费者设置服务级别协议（SLA）来增强责任感，这些协议定义了团队对质量、可用性和完成期限的责任。团队必须对数据流周期时间和数据质量 KPI 进行基准测试，以识别瓶颈，以便通过更改流程来优化价值。

DataOps 领导者应该通过将敏捷和精益思维融入团队的工作方式来采用许多数据运营实践，这样团队就可以作为变革的榜样。资深的 DataOps 领导者充当领导团队的产品经理，拥有 DataOps 转型的愿景、路线图和项目经验积累，并根据以结果为导向的目标确定工作优先级，以最大限度地提高成功率。DataOps 领导者应该认可团队的创新、流程改进和协作及其产出。

数据治理

在数据运营进一步推广之前，必须具备强大的数据治理能力和安全性，以降低可能给组织带来问题的数据质量差和敏感数据暴露的风险。如果数据治理框架过于严格，则会降低数据可用性并扼杀创建更短数据周期的能力。在组织利益相关者、数据生产者、数据消费者、数据所有者和数据管理专员之间创建协作文化，可以达到最佳平衡。

敏感数据需要识别、加密或脱敏，并进行监控。应创建数据分类策略，以便数据所有者为不同类型的数据制定访问、存储、传输和处理策略。组织利益相关者应该参与数据治理讨论，因为他们可以帮助进行利益、成本和风险之间的权衡。

大部分数据清理、数据发现和数据供应分析取决于或需要元数据解决方案到位。如果还没有到位，那么现在也是开始考虑数据目录、数据血缘、数据字典和业务词汇表的绝佳时机。

在 DataOps 可以推广之前，对数据的信任是另一个基本要求。从批处理或实时数据源采集数据后，应尽快建立对数据的信任。数据使用者应与数据管理专员合作，为足够好的数据质量定义 KPI，这将成为认证数据和监控数据管道的要求，并成为解决问题的触发因素。

通过收益展示、值得信赖的流程和组织利益相关者广泛的支持，在实施的最后阶段获得最高管理层的支持变得更加容易。最后这些步骤是风险最大的，可验证组织对成为真正数据驱动的承诺，这也是为什么不推荐大规模实施的原因。

扩展

随着基础要素的到位和组织收益的增加，DataOps 领导者可以开始解决其他痛点。迄今为止所做的变革，将导致面向领域 DataOps 团队的输出超出当前提供数据和基础设施访问的数据平台以及数据管理流程的承受能力。接下来讨论如何解决这些瓶颈问题。

成功的组织

DataOps 旨在构建高速、低风险的组织，这些组织能够充分利用采集到的大量异构数据。如第 8 章所述，组织结构对团队的开发内容、输出质量和交付速度具有巨大影响。面向跨职能领域的团队打破了一些孤岛以提高效率，但需要负责整合从原始数据到最终数据产品的所有团队。

IT 数据团队通常负责数据采集、数据访问、数据基础设施和运营，而且在大多数组织中他们处于数据生产和数据消费之间。不幸的是，这些团队是按技能或传统技术划分的，因此无法深入了解组织如何使用数据或可以使用哪些数据。

这些团队被鼓励尽量减少成本和变更，以免对预算、运营、安全和合规产生影响。因此，他们成为数据消费者的障碍。然而，使用正确的数据管理流程和技术就有可能克服这些风险。

将管理数据和平台的人与使用数据的人聚集在一起，打破了最后的孤岛。最初的步骤应该是建立联系，并将这些团队的人员整合到 DataOps 团队的规程中，如计划会议、复盘和服务交付评审，以及共享看板/Scrum 板、监控和效益衡量输出，其目的是帮助他们了解DataOps 团队的文化和日常工作，从而能够主动进行改进，减少痛点，并通过消除那些不增加价值的部分来全力完成工作。

最终，如果参与数据工厂的所有团队都向相同的高级领导（如 CDO 或 CAO）报告，那么实现文化变革就会简单得多。通过共同的报告结构，更容易创建以数据为中心、以结果为导向的文化，共享承诺、目标和奖励。管理平台和数据的团队开始将数据和基础设施的消费者视为需要满足的客户，而不是带来风险的用户。

集中化平台

使面向领域团队更高效的一种方法是让数据平台和运营团队创建一个集中、高度可扩展的平台，通过这个平台可以访问他们需要的所有数据和标准化工具，从而让团队花更多时间以最有效的方式创建数据产品，而不是花时间配置基础设施、构建自己的服务和等待数据访问。

将数据分析迁移到云和云原生架构是为 DataOps 团队构建集中式平台的最佳解决方案。借助云可以更轻松地为功能添加、异构数据和用例设计架构和流程。

但是，同时维护遗留的传统应用程序可能是一个挑战。集中分析仍然是解决挑战的最好解决方案，通过把现有的数据库和流程迁移到云上，可以合理规划数据源、打破孤岛，创建一个可以轻松共享所有数据和组件的单一环境。

传统带数据库的集中式单体分析应用程序（如 SAS 或 SPSS）同云上 BI 工具之间的区别在于，现代集中式云平台可以支持从虚拟机到 Python 的数百种技术。使用云平台后，从元数据管理到 BI 工具等各种 DataOps 实践技术的部署支持都非常简单。

不同的人可能有不同的工具需求。因此，应该有一段时间的实验来验证值得采用的工具。而且，技术上不应只考虑单点解决方案，所选方案必须适合体系架构的其余部分并保证具有互操作的能力。

为避免因技术不兼容而在数据和人员移动时产生障碍，导致退化到之前的孤岛状态，集中化平台团队应鼓励具有最高使用量和互操作性的工具实现标准化。标准化使成功的模式得以复用，并使团队成员能够互相促进。

全局自动化

随着现代云技术的发展，存储和处理数据的能力呈指数级增长。然而，除非有自动化和监控能力，否则我们无法掌控它们。团队、实践和技术到位后，下一步就是自动化。

快速创建数据产品需要基础设施、环境、安全、数据访问、部署、数据管道编排等方面的自动化。因此，组织必须制定流程、获取工具（如有必要），来使尽可能多的活动自动化。

数据识别、分类、安全、供应、质量评估和清理的自动化将数据管理团队从看门人转变为店主。敏感数据可以自动分类和加密。IAM 和基于角色的访问控制还可以规范对数据和资源的访问，以帮助实现自动化安全策略。分散的元数据管理与软件自动化相结合，可以标记数据，以帮助构建数据目录，从而节省数据科学家和分析师查找数据集的时间。

然后自动化可以扩展到数据管道的开发和监控环节。目标是持续地自动集成、测试、部署和监控生产管道。

数据管道开发的自动化要求基础设施、数据管道工具和管道编排配置都在配置管理工具中，并与数据管道和管道编排代码一起进行版本控制。

黑盒、白盒和回归测试也必须处于版本控制中，以便在每次对数据管道代码进行变更时，它们都可以作为自动化持续集成（CI）流程的一部分运行。自动化测试数据管理解决方案需要为反映生产数据的 CI 流程提供数据，否则将无法确定错误是由代码或数据的变更造成的。

自动化还可以扩展到数据管道之外，通过 MLOps 生成机器学习算法。MLOps 结合了 DataOps 和 DevOps 的元素，可自动执行模型开发、部署、发布和重新训练。使用 MLOps，组织可以部署和刷新比手动方法更多的模型。

一旦生产数据管道运行起来，用于 CI 的自动化黑盒和白盒测试就可以持续监控它。在发现数据中的新缺陷时，可以将新的测试附加到现有测试中，以在开发周期的早期发现问题。

管道的自动化监控消除了手动测试瓶颈带来的限制，并在影响数据消费者之前捕获更多数据错误。因此，组织可以维护更多的数据管道。

组织还可以创建更多的数据管道，因为管道开发和监控的可复用组件可供数据科学家和分析师使用，而不仅仅是数据工程师。正如 Jeff Magnusson 在他的文章《工程师不应该写 ETL》中所说的那样，数据科学家应该对他们的工作拥有端到端的所有权，这让数据工程师可以专注于平台、服务、抽象和框架，使其他人能够更自主地工作[4]。

整个组织的知识透明度至关重要。自动化监控不只适用于 DataOps 团队。组织利益相关者还必须能够访问功能监控，以便在发生可能影响决策的错误（如模型中丢失数据和概念漂移）时向他们发出警报。

通常，利益相关者无法意识到数据流水线或数据产品中的问题。在战术层面，缺乏可视化会导致决策失误、相互指责和推诿；在战略层面，高级利益相关者不太可能支持和优先考虑改进计划，直到他们能够自己看到问题。

还需要其他形式的自动化监控来防止平台陷入混乱。自动化监控对于治理、安全、预算和性能至关重要。监控工具可以针对数据中心或云资源利用率的异常进行告警；预算警报可防止团队累积起无法控制的成本；与审计工具绑定的云合规框架帮助组织遵守法规；敏感数据监控、数据加密、数据和平台访问、防火墙、存储和其他服务可确保数据安全。

通过全面的监控，可以及时发现问题。团队还可以为性能设定目标，监控数据可以促进持续的改进。

提供自助服务

到了这个阶段，多个团队已经从响应服务台这样的请求转向了协作，随后主动识别新的机会，使用数据来实现组织的目标。以前为创建信任和提供自动化监控而采取的步骤现在可以启用自助服务功能。因为没有了官僚主义和人工开销，只有他们自己才能限制团队的速度。

集中化的治理和平台实现了分散的数据和基础设施访问。与许多孤立的平台不同，单个或有限数量的集中化平台允许数据分析专业人员访问自助服务基础设施，而这些基础设施对管理、控制、监控、审计和安全的要求较低。自助服务使 DataOps 的开发更快，同时降低了风险，因为对数据、工具和基础设施的访问与组织的安全和运营策略是同步的。

自助服务是消除数据生产者和数据消费者之间差距的最后阶段。将把创意开发为数据产品、安全地部署到生产中，及衡量收益、迭代改进和重复使用的时间和精力减少到绝对最低限度。自助式 DataOps 带来的变化帮助创建了一种高速的数据优先文化，具有更好的决策能力和更多创新，风险更低，可持续性更强。

图 10-2 总结了构建 DataOps 工厂的建议步骤。

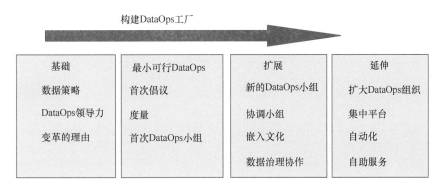

图 10-2　构建 DataOps 工厂的建议步骤

构建 DataOps 工厂的道路并不平坦，因为组织的惯性、习惯和文化很难改变。请记住运用 DataOps 的价值观、原则和实践来指导您始终向前迈进，无论前进的步伐有多小。

总结

让数据科学与分析往正确方向发展似乎令人望而生畏。有很多因素需要考虑。招聘（博士）和期待并不能作为一种策略。招聘、人员发展、文化、组织、优先级、协作、数据采集和提取、数据质量、流程、算法、技术、再现性、部署、运营、监控、效益衡量、治理、数据安全和隐私都必须考虑和改善。

要把所有事情都做好是非常具有挑战性的，尤其是当组织文化很少以数据为中心，而且许多现有的数据管理实践不再适用时。在当今大数据、数据科学和人工智能的竞争环境中，为数据仓库和商务智能设计的传统工作方式是一种负担。它们不仅是一种约束，而且还鼓励通过治理薄弱的影子 IT 来掩盖风险。

DataOps 方法是消除障碍、协作和获取最大化成功机会的最佳方式。DataOps 将数据科学与分析从手艺活（如今大多数组织中的现状）转变为流畅的制造业务。DataOps 支持快速数据产品开发，并创建了一条流水线，将来自多个数据源的原始数据转换、生产为数据产品，同时最大限度地减少浪费。

即使一个组织对数据科学提供的更好决策机会不感兴趣，它也应该会因为竞争对手和消费者而感到焦虑。数据生产和消费需求的指数级增长是不可避免的，只有那些认识到需要新运营方式的组织才能成功地引领未来。

像 1999 年那样继续下去是不可能的。希望本书能帮助您做好采取初步行动的准备。如果已经在实施其中的一些步骤，那么恭喜您已经领先于大多数组织。祝您的 DataOps 之旅好运连连。

尾注

[1] Building trust in analytics, KPMG International Data & Analytics, 2016. https：//assets. kpmg/content/dam/kpmg/xx/pdf/2016/10/building-trust-in-analytics. pdf

［2］ Peter Bisson，Bryce Hall，Brian McCarthy，and Khaled Rifai，Breaking away：The secrets to scaling analytics，McKinsey　Analytics，　May　2018. www. mckinsey. com/business-functions/mckinsey-analytics/our-insights/breaking-away-the-secrets-to-scaling-analytics

［3］ Monica Rogati，The AI Hierarchy of Needs，Hackernoon，June 2017. https：//hackernoon. com/the-ai-hierarchy-of-needs-18f111fcc007

［4］ Jeff Magnusson，Engineers Shouldn't Write ETL：A Guide to Building a High Functioning Data Science Department，March 2016. https：//multithreaded. stitchfix. com/blog/2016/03/16/engineers-shouldnt-write-etl/